心理压力及其调适机制研究

王梦莹◎著

九州出版社
JIUZHOUPRESS

图书在版编目（CIP）数据

心理压力及其调适机制研究 / 王梦莹著 . -- 北京 ：九州出版社，2023.4

ISBN 978-7-5225-1767-4

Ⅰ. ①心… Ⅱ. ①王… Ⅲ. ①心理压力-心理调节-研究 Ⅳ. ①B842.6

中国版本图书馆 CIP 数据核字（2021）第 069491 号

心理压力及其调适机制研究

作　　者　王梦莹　著
责任编辑　曹　环
出版发行　九州出版社
地　　址　北京市西城区阜外大街甲 35 号（100037）
发行电话　（010）68992190/3/5/6
网　　址　www.jiuzhoupress.com
印　　刷　北京四海锦诚印刷技术有限公司
开　　本　787 毫米×1092 毫米　16 开
印　　张　11.75
字　　数　265 千字
版　　次　2023 年 4 月第 1 版
印　　次　2023 年 4 月第 1 次印刷
书　　号　ISBN 978-7-5225-1767-4
定　　价　68.00 元

前　言

随着社会的不断发展，人们越来越注重身心健康，当论及身心健康问题时常涉及心理压力。心理压力在现代健康心理学中实际上已经是一个核心概念，如何处理好心理压力，成为现代生活中一个最为敏感的现实问题。心理压力是个体的一种心理紧张状态，当面对压力时，人们会产生心理以及行为上的紧张，心理压力如果不能进行正确的调适，会严重影响人们的生活。因此，心理压力的调适对于健康生活尤为重要。

鉴于此，笔者撰写了《心理压力及其调适机制研究》一书，全书在内容编排上共设置六章，第一章作为本书论述的基础与前提，主要阐释心理压力及其类型、心理压力的产生机制、心理压力对身心的影响；第二章探讨认知、情绪与心理健康，自我意识、意志与心理健康，人格、人际关系与心理健康以及心理压力的管理策略；第三、四、五章分别对心理压力的评估与心理咨询、心理压力的调控及其干预、心理压力的疏导及技术实施进行分析；第六章从平衡心理治疗的多元方法、积极心理学视角下的心理治疗、认知心理治疗及其技术应用三个方面对心理压力的治疗及技术应用进行研究。

本书立足于心理学知识，对人在面对心理压力时如何进行调适进行深入探讨，帮助人们掌握科学、正确的压力疏解方法。全书结构科学，论述清晰，视野开阔，可作为心理学指导读物，同时可供从事心理压力及其调适研究的学者和工作者使用。

在撰写过程中，笔者参阅了许多文献材料，在此向各位学者表达由衷的谢意。由于自身知识和写作水平有限，书中所涉及的内容难免有疏漏之处，恳请读者多提宝贵意见，以便笔者进一步修改，使之更加完善。

目 录

第一章　心理压力的理论支撑

第一节　心理压力及其类型

现代人愈来愈注重身心健康，当人们谈论人的身心健康问题时，常涉及心理压力。心理压力对人的身心健康的影响已经得到公认。心理压力在现代健康心理学中实际上已经是一个核心概念，如何处理好心理压力，成为现代生活中一个敏感的现实问题。心理压力的调适也是生活在当今社会的每一位普通人应具备的素质或生存技能。

一、心理压力的内涵

“从生理学角度来说，压力是身体的疲惫和受折磨程度；从心理学的角度上来说，压力是事件和责任超出个人应对能力范围时所产生的焦虑状态”。[①] 心理压力概念界定的困难除了与压力现象本身的复杂性有关以外，一个重要的原因是研究者思考问题角度的差异，主要表现在以下四个方面：第一类，源于生理学取向的压力研究，即着重从生理变化的角度探究压力，认为压力是维持机体内部平衡的生理唤醒和反应；第二类，源于社会学取向的压力研究，即着重从外部诱因的角度研究压力，认为压力是能够诱发压力反应的生活事件或环境刺激；第三类，源于心理学取向的压力研究，即从心理过程的角度分析压力，认为压力是环境与个体内部需求间的冲突；第四类，源于生理—社会—心理学取向的压力研究，即从生理学、社会学及心理学综合角度研究压力，认为压力是个体对紧张情境作出反应的过程。

从生理—社会—心理学取向的角度可以把压力理解为一种复杂的身心历程，它包含三大部分：①压力源。任何情境或刺激具有伤害或威胁个人的潜在因素，统称为压力源，即压力来源。②认知评估。当事人认为经历的刺激或情境，对于个人确实有所威胁时，此时即构成压力，但如果认为是种解脱或乐趣而不是威胁时，则不构成压力，此历程即为认知

---

① 王凤华，石统昆. 做自己的心理压力调节师［M］. 杭州：浙江大学出版社，2017：2.

评估。③焦虑反应。当事人意识到他生理的健康、身体的安全、心理的安静、事业的成败或自尊的维护，甚至自己所关心的人等正处于危险的状况或受到威胁时所做的反应，即为焦虑反应。因此，压力产生的身心历程是压力的来源、威胁的知觉、焦虑的反应。“长期的压力能够让人深感疲劳，并不堪重负”①，要全面正确理解心理压力的概念，应进一步具体分析其内涵。

（一）心理压力是一种心理状态

在现代心理学的研究对象中，一般把人的心理现象分为三大范畴，即心理过程、心理状态和个性心理。心理状态是指心理活动在一段时间内出现的相对稳定的持续状态，是介于心理过程和个性心理之间的中间状态，是心理活动和行为表现的一种心理背景。事实上，心理压力既不可能是一种独立的心理过程，也不可能是个性心理，而只能是一种心理状态。

心理压力是现实生活中客观存在的心理现象。按照辩证唯物论的心理实质观，心理是人脑对客观现实的主观、能动反映。客观现实中确实存在着各式各样的对个体具有威胁性的刺激情境，个体必然要对其作出反应。把心理压力确定为个体对一定压力事件反应而形成的一种综合心理状态，符合辩证唯物论的反映论。

（二）心理压力是对压力事件的反应

心理压力是对压力事件的反应而形成的一种综合性心理状态，没有压力事件，个体心理压力无以形成。人的心理产生的基本方式是反射，是有机体对一定刺激的反应活动。人并非对任何刺激的反应都形成心理压力，一般心理过程并不一定形成心理压力。只有当个体意识到他人或外界事物对自己构成威胁，即对压力事件进行主观反映时，才可能形成心理压力。

压力事件可分为外部压力和内部压力两大部分。外部压力主要包括生活中的重大变故和累积的烦心琐事。生活中的重大变故主要指个人日常生活次序发生了重大改变。一般这些压力事件威胁性较大，且随时可能突然发生，使个体形成巨大的心理压力，若不能及时妥善处理，则容易使人患心身疾病。累积的烦心琐事主要指日常生活中经常遇到且无从逃避，使人烦恼的一般事实。单件的烦心琐事难以造成心理压力，但日积月累到一定程度对个体构成威胁就会造成心理压力。这些累积的烦心琐事大致可归纳为学习负荷过重、经济状况差、工作职业失意、人际关系失调、时间分配失控等。

---

① 赵国秋. 心理压力与应对策略［M］. 杭州：浙江大学出版社，2007：3.

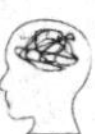

内部压力主要指使主体认知困惑或难处理的内在刺激情境，一般发生在动机冲突和受挫折时。动机冲突是指在复杂的意志行为中，多种动机之间发生了矛盾。若一时难以确定行为目标而形成认知困惑，则会引发心理压力。日常生活中动机冲突在所难免，人们的心理压力也就时有发生。挫折是指个体的意志行为受到无法克服的干扰或阻碍，预定目标不能实现所产生的一种紧张状态和情绪反应。受到挫折，个人奋斗目标没能实现，一时不知如何是好，必会造成心理压力。

总而言之，心理压力与压力事件联系紧密。心理压力一般是受内外压力刺激而形成的。在分析心理压力的成因时，应注意考虑主要是外部压力造成的还是内部压力造成的，以便采取有效措施，控制或消除压力源以达到减轻或消除心理压力。

（三）心理压力是认知、情绪、行为的有机结合体

心理压力是个体的一种综合性心理状态，表现为认知、情绪、行为三种基本心理成分的有机结合。

第一，个体心理压力是意识的产物，建立在一定的认知基础上。人在无意识状态下是没有心理压力的，如睡眠状态下人无心理压力。人无认知能力时也不会有心理压力，新生儿只有感觉，无心理压力。人有认知能力时，若对威胁性的刺激情境失察而未能认识到其对自己生活造成或将造成威胁、危害时，也不会产生心理压力。若刺激情境不会对个体造成威胁、危害，但个体由于错误的认知，以为它具有威胁、危害却无法处理、摆脱，则会产生心理压力。

第二，心理压力伴有持续紧张的情绪、情感体验。通常个体有心理压力时，容易出现消极的情绪，如惊慌、害怕、忧愁、愤怒等。但是有一定的心理压力时不一定会有消极的情绪出现，在现实生活中，有时我们接受一项比较艰难的工作任务，虽有心理压力，但却乐意去做，从而就不会产生消极情绪。

第三，心理压力必会引发行为反应。个体有心理压力时，不会无动于衷，而会作出一定的行为反应，表现为有意行为，或针对压力事件，积极应对，化解压力；或逃避压力情境，以维持正常生活；或消极应对，被压力所困，日积月累，逐步形成心理障碍。如此看来，心理压力是压力源、压力感和压力反应三者形成的综合性心理状态。

二、心理压力的特性

明确了心理压力的内涵，不难发现心理压力具有一些基本特性。

第一，客观性。心理压力的客观性体现在它不是以人们的意志为转移的客观存在。只

要生活在这个世界上，每个人都有不如意、不顺心的事，都会承受心理压力。每个人从童年到老年的整个人生历程中，无时不充满着心理压力，心理压力是客观存在的。

第二，渐进性。造成心理压力都会有一定的过程。当我们在遇到某种外界环境的刺激时，如果不加以释放和消除，则心理压力就会增加。如在工作中，由于某一件事没有得到领导的认可，而使自己误认为领导对自己存在偏见，如果自己既不能正确对待，又不能找领导去解释，那么就会使自己产生“自己在领导心中无地位”“领导处事不公平”等错误认识，对领导逐渐从不理解，最后可能还会发展到有意见、有情绪的局面，加大了自己的心理压力，从而影响工作。渐进性特征还表现在心理压力有着由强而弱逐渐衰减的过程。例如，我们在遇到心理压力时，如果自己能正确对待，并且通过一些行之有效的方法加以释放，那么心理压力就会由沉重到轻松逐渐衰减，直到完全消除。

第三，情绪性。个体有心理压力时总带有明显紧张的情绪体验的特性，如前所述，心理压力总伴随有一定的紧张情绪体验。紧张本是人在某种压力环境的作用下所产生的一种适应环境的情绪反应。心理压力的情绪性表现十分复杂，有消极和积极之分。心理压力的情绪性往往是消极的，这是因为压力事件往往不符合我们的需要。心理压力的情绪性是积极还是消极的关键要看个体的需要和认识。

如果个体认为压力事件能满足自己某方面的需要，便可能产生积极的情绪，如探险者就乐于冒险，否则就产生消极的情绪。当心理承受力一定，压力越大，形成的负面情绪越强烈，心里越紧张，就越容易出现忧郁、痛苦、惊慌、愤怒等不良情绪；反之，若压力小时，心里紧张度低，只会出现短暂的、微弱的负面情绪，如不悦、冷淡等。当压力一定，心理承受力越小，则心里越紧张，负面情绪越大。反之，心理承受力大时，心里不紧张，负面情绪也小；当压力和心理承受力相当，或略大于心理承受力时，这种压力也称为适度压力，或轻度压力。适度压力下个体情绪虽有些紧张，但在良好的教育和积极的引导下，往往能精神振奋，产生热情，有利于意志的锻炼和能力的提高。总而言之，心理压力的情绪性是显而易见的。

第四，动力性。心理压力对个体行为的调节作用就是心理压力的动力性。在日常生活中，人们常说要变压力为动力。之所以能变压力为动力，是因为个体一有心理压力，就不会无动于衷，而会采取一定的行为处理自己所处的具有威胁性的刺激情境。心理压力的动力性表现为对适应行为的积极增力作用和消极减力作用两个方面。当个体心理压力过大时，人的理智一般难以控制，个体常表现出两种极端的行为反应，要么完全停止行动，要么兴奋激越。中度心理压力一般会使人的行为能力降低，产生重复和刻板动作。心理压力较小，一般适应行为增多。

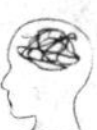

在适度压力或轻度压力状况下，个体可能在理智控制下，充分发挥主观能动作用，对压力事件进行妥善处理，从而使自己的心理承受力得到增强，使个体生物性行为和正向的适应性行为增多，动力性随之增长。但在适度压力或轻度压力状况下，个体若不能理智控制或失去理智，则不能发挥主观能动作用，而对压力事件漠然置之，不及时妥善处理，只会使自己心理承受力更弱，动力性将随之降低。没有一定的心理压力，人难以增强心理承受力，人的正向适应性行为就得不到学习提高，一旦面临较大压力，将不知所措，容易造成心理障碍。如果只看到心理压力的情绪性，并夸大其负面影响，而忽视心理压力的动力性，或者只看到其消极减力作用方面，这是不切实际的，也是错误的。

总而言之，压力的基本含义是由于外界或内在环境的要求使有机体感到的“紧张”和“痛苦”。压力是由个体在生活适应过程中的一种身心紧张状态，源于环境要求与自身应对能力不平衡而来；这种紧张状态倾向于通过非特异的心理和生理反应表现出来，完全没有心理压力的情况是不存在的。

三、心理压力的来源

心理压力的来源又称为压力源，是指引起压力反应的因素，是作用于个体，使之产生压力反应的各种刺激。简而言之，凡能引起心理压力反应的各种内外环境刺激均可以称作压力源。日常生活中的压力源多种多样，一般可以将压力源划分为生理、心理、社会、文化和时间五类。

（一）生理的压力源

生理的压力源是直接作用于躯体的理化与生物刺激，直接阻碍和破坏个体生存与种族延续的事件。自然环境中的突发灾害，如地震、洪水、风暴以及高原缺氧，沙漠高温、干旱缺水；生物环境中的高温、低温、辐射、噪音、干燥、外伤、疾病、药物、强酸及病原微生物、寄生虫，以及躯体创伤和疾病，饥饿、睡眠剥夺等均属于生理压力源。

（二）心理的压力源

心理的压力源是直接阻碍和破坏个体正常精神需求的内在和外在事件，包括错误的认知结构、个体不良经验、道德冲突和长期生活经历造成的不良个性心理特点（易受暗示、多疑等）及生活、训练、学习、人际关系失调导致的心理冲突和挫折情景等。心理挫折是最重要的心理压力源。一个人从上学到工作、从提拔到退休，历经角色转换、角色适应、目标确立到实现目标，始终存在个人目标实现与组织对高素质人才需求的矛盾。而不符合客观现实与规律的认识与评价是产生心理压力的主要原因。

（三）社会的压力源

社会的压力源是直接阻碍和破坏个体社会需求的事件，包括单纯社会性的（重大社会变革、重要人际关系破裂等）和由自身状况造成的人际适应问题（如社会交往不良）。参加重大活动，以及提升、晋职、晋级、婚姻、恋爱、亲人患病或死亡、子女教育等生活事件，都可归入社会性压力源。除了重大的生活事件对人产生影响外，一些琐碎、烦恼的小事，日积月累，同样也会对人产生影响，如不断地被挑剔、被忽视、工作不熟练、发生小事故、忘记某事、受窘、塞车、恶劣天气、被误解、迟到、被打扰等。

普通的人际关系也会造成心理压力。只要是两个或两个以上的人在一起，身处其中的人就不可避免地会感到压力，只不过这种压力有明显和不明显之分。人际关系的压力主要来自以下方面：相互竞争，希望自己比别人表现优异；控制他人而不要被他人所控制；力图使自己的言行符合他人的标准；想取悦别人以便达到某种目的，等等。社会压力在程度轻时都很正常，但是在程度较重时，甚至于让人感觉到不快的时候，就要考虑作出一些改变了。

（四）文化的压力源

文化的压力源是指语言、风俗习惯、生活方式等社会文化环境的改变，引起压力的刺激或情景。如远离家乡和亲人，居住在多民族地区面对语言文化背景环境改变，从学习基本文化知识到学习高精尖专业技能的“文化迁移”等。即使没有外在事件造成的压力，由内心冲突造成的压力一样令人难受。这样的压力先表现在价值观层面。一个人在成长的过程中，会接触到不同的价值观，某一些价值观是和另一些价值观相互对立的。例如，任何人都可能受到利己和利他的教育，虽然前者多半是通过非主流渠道，但一样会对人产生重大的影响。在某种情形下当两种价值观同时存在而且必须作出取舍时，压力就产生了。所以，一个没有稳定价值观的人，他所面对的心理压力比一个有稳定价值观的人要大得多。

（五）时间的压力源

时间压力描述了一种个体对拥有的时间不足甚至匮乏的主观感知现象。时间压力是现代社会中人们经常面对的重要问题。随着社会竞争的日趋加剧与生活节奏的日益加快，时间压力问题广泛存在于人们的生活中，并对人们的工作和生活有着重要的影响。

 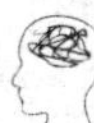

四、心理压力的类型

（一）心理的正性压力

心理的正性压力，一是指能使人感到愉快、能够激发人们活力的积极压力。例如，在单位中得到上司奖励、逛街时买到物美价廉的商品……这些正性压力往往不会被视作威胁，而且会给我们带来一系列的生理和心理唤起，如心跳加速、精神兴奋、手舞足蹈。二是指人们能够应对、起到心理机能促进作用的适度心理压力。压力并非总是有害的。只要处理得当，适当程度的压力不仅能通过生理唤起保证多个器官处于最佳的功能状态，促进身心健康，还能激发人们的潜能，提高工作效率，减少错误发生。一般而言，当压力水平适中时，人的工作绩效和健康状况是最佳的，此时，与压力有关的荷尔蒙可以帮助我们提高身体的效能和信息处理能力。而当压力低于或高于这个适中水平时，人体各方面的机能就会开始下降，工作绩效降低，患病概率也会增加。适度压力可以提高身心机能，主要表现在以下方面：

第一，提高心理反应过程。作为人们面对威胁时产生的一种原始的“战斗或逃跑”反应，压力在开始的时候起着积极作用，可以增加人的活力、提高警觉性，使人的思考和行动变得更加敏捷。作为一种生理和心理过程，压力可以应付不确定的变化和危险。

第二，提高适应与创新能力。适度的压力可以锻炼人，能提升人的适应能力和创新能力。心理学认为，社会向人们提出的要求所引起的新的需要与其原有心理发展水平之间的矛盾，是人们心理发展的内因或内部矛盾。这种内因或内部矛盾就是心理不断向前发展的动力。如果没有来自外界的压力，那么人类就不能向前发展。从这种意义上讲，压力是一种积极力量。个体虽然遇到了压力，但是适应能力却提高了。压力还可以促使个体向更高的目标前进，这种情形可以从婴儿期到青春期的发展过程中看到：他们从努力学会走路到努力谋生的整个成长过程都是由某种程度的压力促成的。因此，在个体的成长过程中，压力是必不可少的，是生活的一部分，是适应生活的基本条件。

第三，有助于潜能开发。适度的压力能使人处于应激状态，神经兴奋，让个人认识到改善自我的机会，以更努力的姿态、更高的热情完成工作，如此便有助于业绩改善。压力感偏低，可能就很难充分调动我们的积极性来主动地对待工作及工作中的机遇和挑战。适度的压力有助于人类潜能的开发。人类本身蕴藏着巨大的潜能，并且取之不尽，用之不竭。开发潜能的方法多种多样，但不管是怎样的方法，其前提条件就是要有适度的压力。

（二）心理的负性压力

心理的负性压力可以分为急慢性两种，人对这两种压力的反应是不相同的。

1. 心理的急性压力

心理的急性压力是由突发性事件所引起的，例如，家人突然病倒需要照顾，而我们在之前并没有类似的经历，这就会产生急性压力。急性压力下人体会分泌肾上腺素和去甲肾上腺素，这种东西类似可快速燃烧的汽油，一旦在体内激活将迅速发生反应，用于在短时间内大量供能之用；同时交感神经激活，抑制胃肠蠕动、免疫系统等，一切能量用来应急，用不着的系统暂时关掉。不过这种状态一般在二十分钟内结束，是生物面对瞬时危机时的急性心理反应。例如，一只兔子想要狼口脱险，就必须让全身的每一块肌肉的能量都调动起来，拼命逃跑，这就叫急性压力反应。在面对压力的时候，为了加快逃跑的速度，消化系统、免疫系统、身体机能修复系统等与应对压力无关的系统都会减缓甚至停止，让出更多资源给逃跑来应对压力。换言之，生物面对令人烦恼的问题时，会自动降低免疫、消化、生长系统的功能。这是生物的自然反应，不受意识控制。

2. 心理的慢性压力

慢性压力是由每天都会发生的小事所引起的，这种小事虽然很小，但是由于我们习惯性的处理方式并不能解决这个问题，因此也会产生压力。相比巨大压力，微小压力往往会让人更加痛苦和无奈。急性压力转向慢性压力，这时候肾上腺素和去甲肾上腺素基本烧光了，人体主要依赖皮质醇进行长期抗争，所以皮质醇也被称为压力激素。皮质醇分泌会有一系列效果，例如，刺激胃酸分泌，引起血压升高，长期下去将导致严重的内分泌失调。慢性的压力就是人面对长久危机时的心理反应。例如，一个月后要交一篇论文，现在开始要选题，要做研究，最后要写。再如，长期处在公司基层工作，可能会长期面对较多的社会压力和生活压力。然而面对慢性压力时，人依然会烦恼，大脑依然会将免疫系统、消化系统、身体机能修复系统调低，以分配更多的资源给大脑来解决问题。因为压力太大，又得不到很好的调整和释放，导致免疫功能长期处在较低的水平。

调整压力的重点在于释放压力，适量运动是释放压力的一种有效途径，通过运动将存在肌肉中多余的能量消耗掉（慢性压力产生皮质醇贮存在肌肉中，帮助人对抗压力，但皮质醇的长期积累会使血压增高、内分泌失调等，所以需要通过运动将皮质醇消耗掉），以减缓肌肉、脏器的负担，大量出汗后排出多余热量，使人体处在一个较低负担的状态下，有助于免疫系统和修复系统的复原和工作。

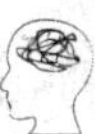

（三）心理压力的其他类型

1. 根据严重程度分类

心理压力根据严重程度来讲，可分为轻度心理压力、中度心理压力、重度心理压力和破坏性压力四种压力。

（1）轻度压力。轻度压力的压力源不大，刺激比较轻，难度较小，稍微努力就能完成，对人的动力影响也比较小，基本上不产生心理困惑。轻度压力一般无须关注和进行特别的调控。

（2）中度压力。中度压力介于轻度压力和重度压力之间，从压力源而言适中；从难度上说要经过努力和采取一定措施才能完成；从动力上说对人的动力推动最大；从心理而言容易让人产生焦虑情绪，也可能会伴有轻微的抑郁成分。中度压力在可自行调节范围，当个体按照计划和措施实施，将目标减少，压力减小，心理困惑逐步减轻。

（3）重度压力。重度压力是由于压力源大，给人造成了严重的心理冲突，导致的焦虑和抑郁持续的时间比较长，程度比较严重，在短时间内这种状态很难减弱。这种状态会使大多数人产生逆反心理，会放弃现在的努力和改变这种状态的能力，导致压力所致的心理问题长期得不到解决。

（4）破坏性压力。破坏性压力又称极端压力，破坏性压力的后果可能会导致创伤后压力失调、灾难综合征、创伤后压力综合征等。破坏性压力不仅可以影响一个人的身体素质，使个体容易产生生理疾病，还会引发个体在生物、心理、社会、行为等各个方面的变化，从而导致身心障碍甚至身心疾病，应当被慎重对待。

2. 根据压力性质分类

心理压力根据压力性质分类，可分为单一性生活压力、叠加性压力。

（1）单一性生活压力。单一性生活压力指某一时间段内，经历某种事件并努力适应，其强度并不足以使个体崩溃。这类压力产生的结果往往是正面的，大多有利于个体提高抗压能力。

（2）叠加性压力。叠加性压力从产生时间上又分为两种：一是同时性叠加压力，指同一时间内发生若干压力事件；二是继时性压力，指两个以上的压力事件相继发生，前者的压力效应尚未消除，后继的压力又已发生，此时所体验的压力即被称为继时性叠加压力。

第二节　心理压力的产生机制

“压力产生的过程是在刺激因素作用于易感个体，并在保护性和资源性因素作用不力的情况下发生的，是个体在对抗压力源影响时表现出的一系列生理、心理和行为动态变化的过程”①。心理压力的产生机制包括以下方面：

一、压力生理过程

压力是内外环境中各种刺激作用于机体时个体所产生的非特异性反应，表现为一种特殊症状群——全身适应综合征，这些变化分为以下阶段：

第一，警觉阶段。当机体受到伤害性刺激，在最初的一个短暂的过程里出现“休克”现象，然后产生一系列的生理、生化变化，进行体内动员和防御。其主要表现有肾上腺活动增强、心率和呼吸加快、血压增高、出汗、手足发凉等现象。

第二，抵抗阶段。生理和生化改变继续存在，垂体促肾上腺皮质激素和肾上腺皮质激素分泌增加，机体调动了全部资源，生物适应性也处于最高水平。但是，糖皮质激素的释放会影响机体的免疫功能，盐皮质激素则可导致体内钾、钠等电解质平衡失调，抗利尿激素分泌增加而致水潴留，长期抵抗则会耗竭机体资源，导致衰竭和崩溃。

第三，衰竭阶段。如果刺激持续存在，阻抗阶段过长，则机体最终将进入衰竭阶段，表现为淋巴组织、脾脏、肌肉和其他器官发生变化，机体因应激损伤而患病，甚至死亡。

二、压力心理过程

在压力产生的过程中，心理和生理反应是密切相连的，常伴随出现。两者都是在面对压力时机体以整体方式作出的反应，两者同时存在，相互影响，相互作用，彼此转化。压力心理反应过程也可划分为以下阶段：

第一，唤醒阶段。为了应对压力，个体最先出现警觉和资源动员，如引发紧张情绪，提高敏感度和警戒水平，调动自我控制力等。同时，个体可能采取各种应对手段，以满足压力应对要求。此时，如压力源消失，则警觉和调动恢复；但如果压力持续存在，那么适应不良的征兆就会出现，如持续焦虑、紧张，各种躯体不适，工作效率下降等。

第二，抵抗（能量蓄积）阶段。在此阶段中，个体试图找到应对方法，增强认识与处

---

① 高存友，任秋生，甘景梨. 心理压力与调控［M］. 北京：九州出版社，2018：23.

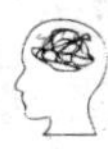

理能力，以消除不良心理反应，恢复心理内稳态，以防心理崩溃。个体直接处理压力情境，心理防御机制运用显著增加，调动所有资源，对压力源的抵抗水平达到最高，甚至是“超水平”。如果压力持续存在，则个体逐渐趋于僵化，死守先前使用过的防御手段，不再对压力源及情境进行再次评价，或调整应对方式。这些将阻碍个体选用更合适的应对方式，导致抵抗效能下降。此时，个体可有紧张体验，并出现一些心身障碍症状及轻微的心理异常表现。此阶段同生理反应的阻抗阶段一样，大多数情况下，阻抗反应是可逆的，且机体的心理功能可恢复正常。

第三，耗竭阶段。面临连续、极度的压力时，个体应对手段开始失败，心理防御机制夸大且不恰当，常出现心理失代偿表现，如心理混乱，脱离现实，甚至出现幻觉。如果这种压力状态继续，就会进入全面崩溃，或淡漠、木僵，甚至死亡。在大多数情况下，进入衰竭阶段是一个逐渐、长期的过程。需要注意，心理压力反应的表现如同生理压力反应一样非常复杂，这种反应进入相应阶段的顺序，每一个阶段持续的长短及相应的表现等，常因事件严重程度、突然性、个人的内在素质及社会支持、干预等而有所不同。压力的任何一个阶段，一旦压力源的强度过大，或应对反应无力，则机体随时有可能直接进入衰竭状态。

三、压力评价机制

物理学上，压力来自两股力的力差，我们可以同样把心理上感受到的压力看作人与环境之间适应力的差。每个人从小到大会经历诸多“遇到问题、解决问题”的过程，于是就渐渐形成了一种适应环境的力。当环境变化，或者自身模式改变的时候，如果不能经过调整适应这种变化，那么就会产生压力。可以想象，当一件事跟自己以前做的事没有差别的时候，我们不会有任何压力，游刃有余。当一件事很吸引人的时候，甚至可以看作一种正性压力。唯有当一件事让人感到非常难的时候，才算有压力。这种适应力的落差，可以通过两种办法来解决：要么克服（或转换）环境，使之适应自己的需要；要么改变自己的适应模式，接受环境变化中合理的那部分。压力是一种古老的信号，提醒人们需要重新适应，以免被淘汰。

心理压力是压力源和压力反应共同构成的一种认知和行为体验过程。压力源有生物性、精神性、社会环境性的。心理压力的作用过程就是压力所致临床症状产生的过程。压力源到临床表现的过程可分为三个阶段，分别为对压力的响应阶段、中介系统的增益或消解过程、临床表现阶段。对于压力引发疾病的机制，大概有两种解释：一是体质、压力论；二是器官敏感论。体质压力论认为压力和个体身体素质对疾病的发生同时起作用；器官敏感论认为应对压力时反应最敏感、活动强度最强、频率最高的器官最容易发病。

四、压力转归机制

（一）压力转归的表现

人的生理与心理活动是结构复杂、内外环境相互作用并处于动态平衡的系统活动。当机体受到压力源的影响，内稳态受到威胁时，机体会调动一切可以利用的资源与之抗衡，其可能的表现如下：

1. 发生适应性改变

当压力源的强度相对较弱，但持久或频繁，内稳态受到威胁时，心理、生理系统会作出适应性改变以增强抵御能力，并有可能更加稳定。这是“挫折教育”和“压力接种”的理论基础。让受教育者在受教育的过程中遭受挫折，可以激发受教育者的潜能，从而达到使受教育者切实掌握知识并增强抗挫折能力的目的。在教育过程中，对受教育者进行挫折教育是非常有必要的。许多成功的人往往不是最聪明的人，而是那些在生活中遭受挫折的人。这是因为，那些自认为自己聪明的人往往会选择走一些所谓的“捷径”，这些所谓的“捷径”往往会使他们丧失一些非常有意义的锻炼机会；而那些生活在逆境中饱经风霜的人，才更能深刻理解什么叫成功。因此，在教学中，对学生进行挫折教育是锻炼提高潜能的一种很好的方法。

2. 发生一过性改变

当压力源的强度较大，但时间短暂，心理生理系统在某些方面的稳定性受到影响时，系统会发生一过性改变，出现一些心身症状，其后症状消失。如儿童常见的反复的腹痛，大部分父母可能同意腹痛与心理压力之间的关系，也认为并不需要内科的治疗；实际上，也只有小部分的个案，会被送到小儿科求诊。所以，一般认为这些小孩在先天体质上，比较容易有反复性腹痛，而心理上的压力则是加重或促发的因子。

3. 发生不可逆性改变

当压力源的强度大且持久，超出了心理、生理系统的承受和代偿范围时，系统内稳态出现失衡，发生不可逆改变，如出现心身疾病、创伤后压力障碍等。例如，原发性高血压病，导致血压升高因素很多，而人们的心理因素特别是情绪改变是重要因素之一。由于长期持续精神紧张或焦虑因素，使血管阻力增加，便产生血压上升。同时，交感神经的长期兴奋，使肾小球动脉持续收缩，久而久之则形成高血压。

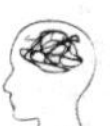

4. 发生磨损性改变

当遭遇到的压力源强度大且持久或频繁，内稳态会受到威胁时，心理、生理系统会作出适应性改变以增强抵御能力，但同时也会出现一些磨损性改变，如海马萎缩，对下丘脑-垂体-肾上腺素轴失去控制性调节。这些改变会导致机体对外界压力源抵御能力的下降，再次遭遇到压力时，可能更容易出现压力性疾病。

5. 发生瓦解性改变

当压力源强大且具有冲击性时，心理、生理系统内部结构无法维持稳定，则出现瓦解性改变，如反应性精神病等。人们常说的悲痛欲绝，一般是对悲伤情绪的夸张说法，但现实中，因过度情绪反应引发心脏病甚至猝死的情况一直存在。

（二）压力转归的影响因素

1. 生物学影响因素

一般而言，人的心理活动是在后天的社会环境影响下形成和发展起来的，是不能通过遗传获得的。但是，一个人的气质、高级神经活动的特点、能力与性格中的某些成分明显受遗传因素影响，对于压力转归起着不容忽视的作用。在心身疾病的研究中，往往比较注重“心-身”的联系。而实际上，躯体疾病也可以成为心理压力源而导致心理反应，即存在着身心反应的问题。这些心理反应不但影响患者的社会生活功能，又可以成为继发的躯体障碍的原因。

躯体疾病对患者感知的影响程度除了疾病的性质、轻重及病程等因素外，患者的个性特征、年龄、社会角色等也均影响其感知。躯体疾病引起患者的心理反应包括：自我意识转变、对疾病的理智反应、情绪反应。躯体疾病对患者的心理影响分为两种：原发性心理障碍，是指机能障碍引起的心理后果，如视力或听力或运动机能的丧失，任何机能障碍都可对个体心理带来限制；继发性社会后果，是指患病后社会关系改变引起的后果，如患病后与家人的关系，对学习工作的影响等。不同的躯体疾病可以通过对神经系统的直接、间接作用而影响心理活动。如脑血管意外或心脏病引起的脑缺氧；电解质代谢紊乱导致的心理障碍，如高血钙可致意识障碍和知觉异常。

生物学基础还可以从素质因素和诱发因素考虑。例如，身体高度、外表特征，如果严重地偏离常态都可能对正常心理产生较大影响，这些素质因素都可导致心理问题的发生。诱发因素包括营养不良、缺氧、睡眠不足等，这些可以直接导致生理功能障碍进而带来心理问题，或引起大脑结构的变化而产生心理问题。

2. 心理影响因素

（1）不良人格。每个人都有自己独特的人格特征，它对人的心理健康有非常明显的影响。同样的心理压力源作用于不同人格特征的人，可以出现不同的结果。心理学认为，并不是负性生活事件直接导致心理疾病，而是个体对事件的错误认识导致了心理疾病。此外，各种心理疾病，尤其是神经症，也往往都有特殊的病前神经质人格特征。这种病前人格与心理疾病的发生有一定的关系。如强迫性人格，表现为谨小慎微，追求完美，自我克制，墨守成规，拘谨呆板，敏感多疑，事后容易后悔，责任心重和苛求自己。具有这种人格的人易患强迫症，做事不完美时，容易出现后悔、自责、苦恼等消极情绪。

（2）认识评价。认知系统是个体认识客观世界的信息加工活动系统，它将感觉、知觉、记忆、想象、思维等活动按照一定的关系组成一定的功能系统，从而实现对个体认识活动的调节作用，以实现个体对某一事件的认识和看法。个体在压力应对过程中，时刻离不开认知系统的评估与调整。压力作用于个体后，并不直接表现为临床症状，而是进入中介系统，经过中介系统的增益或消解，压力的相对强度就会产生某些变化。中介系统的这种增益或消解功能是由它的三个子系统——认知系统、社会支持系统和生物调节系统共同作用的结果。其中，认知系统是对压力的意义进行评估的第一步，决定了增益与消减这两种性质不同的作用的走向。

人们一接触到压力源，先是在觉察、理解的基础上，评估压力源的性质、程度及压力源对自己的利弊，进而评估自己的实力，确定自己能否应对以及确定应对方式。正确地评估压力源、正确评估自己的实力，可使压力的强度相对降低，否则，效果相反。认知影响压力相对强度的方式有三种：一是对认知结果可能性的评估。事件既可能是压力源，它要求自己去适应；也可能对自己不构成威胁，无须去应对它。评估结果如何，因人而异。二是对事件严重性的评估。这类评估可以影响压力的体验，过高评估客观事件的严重性，可能增强焦虑情绪的程度。评估强度的高低，因人而异。三是对自己能力的评估，影响压力的相对强度。自我能力评估过低，可以增强焦虑情绪，即增强对压力体验的强度。自我评估结果的高低，因人而异。

评价事件可以分为两步：初次评价和二次评价。在初次评价中，个体评价一件事是包含已经造成的伤害或损失、对未来的威胁，还是一项有待克服的挑战。把压力看成一项有待克服的挑战而不是一种威胁，是减少压力较好的策略。这种策略与顽强这种有助于应对压力的个性因素相一致。在二次评价中，个体衡量自己的资源，确定怎样可以有效地利用自己的资源来处理事情。在很多情况下，在初次评价中把压力看作一项挑战，可以为二次评价中更好地寻求解决方法铺平道路。只要个体能对压力源形成正确客观的认知评估，实

 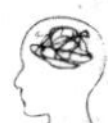

行科学有效的调节控制，那么认知系统就能充分发挥其消解功能了。

认知系统对压力的中介作用，还决定于个体对自身掌控外界事件的能力的评估，进而产生控制感。它是影响压力的一项重要因素。个体如果认为自己能控制局面，能自由地调整自己的适应行为，则这种压力是可控压力。一个人相信自己能够控制形势并且得到积极的结果，会产生自我效能感。如认为某一压力自己不能控制，就称这一压力为不可控压力。如能将不可控压力转化为可控压力，压力所致临床症状就会减轻。

3. **社会影响因素**

（1）家庭环境与早期教育。心理健康与家庭环境和早期教育有密切关系。家庭环境的影响主要表现为父母对子女的态度和教养方式。随着独生子女家庭个体的增加，独生子女的人格特征、人际关系以及适应能力等问题越来越引起人们的重视。独生子女家庭相对优越的成长条件以及过分保护和溺爱的教养方式，可能使一些人从小养成了任性、固执、自私等不利于交际的人格特征。在个性发展方面，一些独生子女也存在着明显的心理不足，他们的自尊心、虚荣心比较强，感情比较脆弱，对挫折的心理承受能力弱，感情波动大，情绪稳定性差，适应环境能力不强，这些心理特点，都会对个体的心理压力的转归产生影响。

（2）生活事件与环境变迁。生活事件是指人们在日常生活中遇到的各种社会活动的变动。这些变动需要人们付出精力去调整和适应因这些事件所带来的生活变化，从而产生压力。如果这些压力事件的刺激强度或生活事件持续地发生超过了个体心理承受能力，就会对个体的心理健康造成影响，严重时可导致心理障碍。影响个体心理健康生活事件涉及绩效问题，如绩效不理想、发生差错、上下级关系不融洽等。

（3）应对策略与防御方式。应对策略是指人们在面对各种压力性事件所采用的应付方法。人们在处理压力性事件时采用的应对策略是不同的，同一个人在不同情况下所用的应对策略也会有差异。应对策略可以分为两类：一类是人们积极地去处理问题时用的策略，包括积极认知策略和积极行动策略；一类是人们试图回避问题时用的策略；还有一种分类，即一类应对策略是直接关注压力源；另一类应对策略则关注体验到焦虑时的情感反应。

防御方式是个人为了保护自己以对抗不愉快感觉的方法，并且它是在个人无意识状态下运作的。使用防卫机制并不能改变客观环境，只是改变个人对环境的想法而已，因此各种防御方式或多或少都有自欺欺人的成分。一个人如果完全依赖防御机制来保护自己，可能会失去许多学习新的适应方式的机会，最后使个人从社会接触中开始退缩。而适当地使用防御机制可以缓和低落的情绪，减轻焦虑。

第三节　心理压力对身心的影响

一、心理压力的两面性

压力对身心健康的影响具有两面性，即积极的一面和消极的一面。

（一）心理压力的积极性

压力可以促使个体警醒，从而增强其适应性，一般而言，压力引起的紧张反应可以提高一个人对环境的警觉水平，使其注意力集中，思维敏捷，情绪适度，从而满足个体适应环境变化的需要，增强其对环境的适应力。压力可以促进个体的发展、提高。当个体面对一定的心理压力时，必须积极努力，才能摆脱压力，改变现存的压力环境。因此，一定的压力正是促使个体积极进取、不断发展和提高的重要动力。

第一，急中能生智。低水平的压力可以刺激大脑产生一种名叫神经营养因子的化学物质，并加强大脑神经元之间的连接。运动这种物理压力源能够帮助提高人体效率和注意力的背后操作机制。此外，人体对于压力的快速反应也能够短暂地激发人的记忆和学习能力。

第二，提高人体免疫力。短期压力，会让人体开启防御模式：人体会产生额外的调节免疫系统的白介素，从而短暂提高免疫水平。

第三，增强环境适应力。反复碰到压力较大的情形，也可以锻炼自己对身体和心理的掌控能力，从而不至于遇到危机就过度惊慌。

第四，促使人追求卓越。正面的压力，也被称为积极压力，可能正是大家完成一项工作所必需的。想象一下，最后期限近在咫尺，这样就不得不快速高效地完成工作了；关键一点是，我们要把压力之下的任务看作一种能承受住的挑战，而不是无法逾越的高山。积极压力还会帮助人们进入一种“流畅”的状态，让人高度清醒、高度集中地参与到某个事情中去，例如工作事务、运动比赛、艺术创造等。

此外，压力还有助于人与人之间建立良好的亲密的关系，压力情境下，人与人之间表现出更多的互相关心，互相帮助，互相支持，从而有利于彼此维持一种良好的关系。压力促进了群体的结合，极大地增进了群体的凝聚力。因此，无论从个体的角度还是从社会维持与发展来看，压力都具有重要作用。

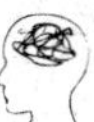

（二）心理压力的消极性

当压力超过一定限度时，过度的压力反应或长期压力反应的累积，对个体的身心健康具有一定的破坏作用。长期处在压力情境下的个体，心理健康水平会降低，严重的会出现心理障碍。例如，情绪持续低落，兴趣丧失，反应迟钝，对自己的进步、人生的价值漠然置之；在与人交往过程中，常表现出紧张，动作不自然，思维不清，脾气古怪；或孤立自己，怀疑自己的能力，轻视自己，自责，自信心降低，夸大自己的失败，甚至导致彻底的自我否定，破坏个体的生理健康。在长期的心理压力下，人的免疫功能将下降，患病的可能性增加，有可能罹患如心脏病、消化性溃疡、紧张性头痛、偏头痛、神经衰弱、肌肉痉挛、类风湿、尿频、皮炎等心身疾病，严重危害个体的身体健康。

心理状态可能与机体抵抗力有关，与免疫反应之间也存在一定联系。长期的心理压力导致人体对疾病的敏感性增加，且存在较大的个体差异。特定的心理压力可导致免疫功能减退，而适当放松及认知行为压力的控制有益于身体健康。由此，心理压力在一定程度上是有利的，但超过人们可承受的范围就会危及人们的身心健康。因此有必要把个体的心理压力控制在一定的范围内，使其能够促进个体的发展。另外，长期处于压力状态下，还容易养成消极的生活习惯，如通过贪吃、过度工作来消极回避紧张状况。

二、心理压力的失衡表现

心理压力长期作用于人体，会导致心理、生理失衡，表现出不同程度的心理与生理症状。

（一）心理症状表现

1. 心理认知表现

（1）对外界的认知。当个体持久地作用或暴露在强烈的压力环境中，可引起他的意识狭窄、注意力不能集中，理解及交流困难、易遗忘，同时还表现为对压力源的无能为力，如束手无策、不知所措。

人类的认识活动是非常复杂的大脑活动，包括感觉、知觉、注意力、记忆、理解、语言和思维，是人体大脑高级机能的重要表现之一。一定程度的压力状态能动员人的神经系统的功能，加速心理活动过程，使人精力旺盛，反应敏捷，并产生旺盛的斗志和积极的拼搏精神。然而当心理压力反应过于激烈，超过人们的承受程度时，即对认知活动产生不良影响，导致一系列认知障碍，包括感觉障碍、知觉障碍以及感知综合障碍。

（2）自我认知。持续的压力还会导致自我认知的改变。所谓自我认知就是对自我心理活动及行为的意识，其核心是自知。人贵有自知之明，能做到自知是不容易的，需要自我观察、自我评价、自我体验、自我监督和自我控制。不能自知的人，自我意识不是过强就是过弱。过强者自不量力，承担非力所能及的任务，既影响工作效率，又可能由于过度疲劳和心理压力而致病。过弱者，唯唯诺诺，随波逐流，自暴自弃。严重的自卑，往往缺乏自制能力，甚至失去生活信心。自我意识问题主要表现为以下相互矛盾的倾向：过度的自我接受与过度的自我拒绝；过强的自尊心与过度的自卑感；自我中心与盲目从众；过分的独立意识与过分的逆反心理。

在自我意识的发展中，主要表现在“理想我”与“现实我”以及“个体我”与“社会我”的差距上。当“现实我”存在许多缺陷和弱点，不符合“理想我”的形象以及“个体我”没有得到别人的理解和尊重，与“社会我”不一致时，就会陷入痛苦之中，感到烦恼、不安。少数人面对自我矛盾，不能正确对待，自我否定，产生严重的自卑心理。自卑是一种负性的自我情绪体验，是个体由于某种生理和心理上的缺陷或长期压力所产生的对自己的能力或品质评价过低，担心失去他人尊重的心理状态。自卑主要表现在极端地轻视自己，严重的自卑可以泛化到其他方面，觉得自己事事都不如别人。具有自卑感的人往往对别人的评价很敏感，在人际交往中缺乏自信，孤立、离群。自卑心理严重影响人的自信心和荣誉感的发展，抑制人的能力发挥和潜能的挖掘。如果自卑心理以嫉妒、自欺欺人的方式表现出来，会对自己、他人和社会造成一定的危害。

2. 主要情绪表现

心理压力失衡的主要情绪反应包括：焦虑、恐惧、愤怒、抑郁、自怜等。

（1）焦虑。焦虑是指尚未接触压力源，但已预感到即将来临或发生的危险或威胁的情绪反应。它是心理压力最常见的反应，如考试、工作调动的期待情绪等，均可出现焦虑，焦虑程度严重时则变为惊恐。焦虑的典型表现是紧张不安，甚至惊恐、面容绷紧、愁眉不展、无法安静、两手做无意义的小动作、握拳弄指、刻板重复动作等。

焦虑的生理反应是交感神经系统激活。由于焦虑的人对其焦虑原因缺乏内省力，常集中注意生理症状：疲乏、失眠、腹胀、恶心、呕吐、厌食、多汗、胸闷、心悸等。焦虑的人为了缓解内心紧张不安，常产生复杂的行为反应，如咬指甲、来回踱步、反复翻弄东西等，有的人反复向医务人员询问某一问题或对身体健康状态过分关注，也是焦虑的一种行为反应。

（2）恐惧。恐惧是一种企图摆脱已经明确的特定危险或威胁的逃避情绪。感到恐惧的人常常意识到危险的存在，知道自己恐惧的原因，但对自己战胜危险没有信心。没有恐惧似乎

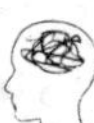

是理想的，但没有它生命也许将变得不完全。有时适度的恐惧可以帮助个体对自己的行为进行控制，有助于促进积极的应对。恐惧者大多数表达其恐惧情绪没有困难，专业人员适当的解释恐惧就会消除，但有时恐惧者不愿讲出来，因为他们怕别人认为他们不够勇敢。

（3）愤怒。愤怒是与挫折和威胁斗争有关的情绪反应，由于有目的的活动受到阻止或目标难以实现而自尊心受到了伤害，为了排除这种阻碍和恢复自尊常可激起愤怒。愤怒发生时，心跳加快，血液重新分布，细支气管扩张，肝糖原分解，肾上腺激素分泌加强。愤怒时的一系列生理变化均具有攻击性意义，以利于排除面临的阻碍。但过度的愤怒则可丧失理智，失去控制导致不良后果。适当的疏导倾诉表达后情绪会好转，症状会减轻或基本消失。对于愤怒的人，专业人员应当向他说明这种情绪是不寻常的，然后寻求原因并加以处理。

（4）抑郁。抑郁主要指情绪低落，包括：悲观、失望、绝望、自责、自我评价过低、动力缺乏、睡眠与食欲障碍，对严重抑郁者需要重点关注，应加强心理帮助，防止发生意外。

（5）自怜。自怜是对自己感到惋惜、怜悯的情绪，感到自己被人愚弄，缺乏安全感和自尊心。常独自哀叹，并有很多申诉。自怜包括对自身的焦虑和对自己的愤怒两部分，持续时间长短不一。独居，对外界环境缺乏兴趣的人常持续较长，有效的做法是听取心理障碍者倾诉并提供适当支持，特别是当倾诉看来是合理时，而单纯教育自怜者是无效的。认知反应，轻度的压力状态有助于增强感知、活跃思维、提高认识能力，有利于问题的决定。但若压力过强，则对认识产生不良影响，出现感知过敏或歪曲，思维迟缓或紊乱，判断力和定向力失误，洞察力减退，自我评价能力降低等现象。究其原因，一是强烈的反应和冲动行为破坏了人们心理上的内稳定状态，二是与不恰当使用自我防御机制有关，因此妨碍和歪曲了对压力源的认识。

（二）生理症状表现

在压力的生理反应中，神经系统、神经分泌系统和免疫系统均起着重要作用。当压力源作用于个体时，中枢神经系统对接受的压力信息进行整合评价，再产生相应的情绪反应并传递至下丘脑。通过交感—肾上腺髓质系统和垂体—肾上腺皮质系统释放大量的儿茶酚胺和神经激素作用于身体各系统，引起各系统一系列生理反应。长期的压力生理反应得不到缓解将引起神经、内分泌系统紊乱，导致心身疾病。

1. 主要的生理症状

压力产生的主要的生理症状包括：陷入心率增快、血压升高、呼吸加快，胃肠功能失调、胃肠蠕动减慢、胃液分泌下降，出汗、皮肤发冷苍白、皮肤功能失调，身体疲劳、肌肉紧张，头痛、睡眠障碍等。

2. 压力导致疾病的路径

（1）直接路径。压力直接造成机体生理上的变化。人们在压力状态下，血液中含有高浓度激活的血小板和胆固醇等脂质，这些血液成分的变化往往促进动脉粥样硬化，因而增加了高血压、心脏病及中风的可能性。压力反应还会使交感神经系统和下丘脑—垂体—肾上腺轴活化，释放内分泌激素，尤其是肾上腺素和去甲肾上腺素以及皮质类固醇。这些激素水平的骤然上升会影响到心血管系统。不仅如此，肾上腺素和皮质类固醇的增高会降低淋巴细胞的活性，使得免疫系统功能下降，使患上感染性疾病和恶性肿瘤的概率提高。

（2）间接路径。压力通过影响个体行为来影响健康。压力之下，人们更可能作出一些不健康或危险行为，使得他们患病或遭受意外伤害的可能性增加。

（三）社会症状表现

1. 社会适应不良

适应是指个体与社会环境的关系，既包括个体根据环境的要求改变自己，也包括个体作用于环境并改造环境。适应不良通常是指个体遭遇一种或多种心理社会紧张刺激而产生的不适状态或压力反应。表现为主观上的困惑、苦恼和情绪失调状态，常常妨碍个体的社会功能和社会活动。通常在刺激性事件和生活变迁后 1~3 个月发生，很少持续 6 个月以上。

适应不良表现常见的有两种：一种是以紧张焦虑情绪为主，一种是以抑郁消极情绪为主。它不仅表现为情绪上的低沉反应，同时受生活事件影响突然发生的严重心理病理症状。但是，这些问题往往在去除应激或者自身调节达到一个新的适应水平时即可缓解。当应激源消失后，情绪异常仍无明显好转，则需要进行心理治疗。心理治疗除与患者交谈外，更应帮助他们如何解决应激性问题，也可让他们发泄一下情绪，这对改善社会功能有积极作用。

在诊断适应障碍时，应该考虑以下因素：一是刺激性事件和生活危机是否明确存在且足够强烈，二是既往史和人格，三是个人成长经历，四是症状的形成、内容和严重程度。目前，适应不良已经成为心理门诊中常见的心理问题。

2. 人际关系问题

（1）人际紧张。由于言谈举止、行为习惯等方面的差异而使人们在相处时不能彼此接受、悦纳对方的情形，称为人际紧张。处于失谐状态的人际紧张，只要双方适当改变自己的某些看法和做法，就可能缓解紧张，恢复和谐的人际关系。

（2）人际敌视。处于人际紧张的个体，由于没有及时解决相应的问题，人际紧张会进一步发展，当人际紧张增大到一定程度时，就形成了人际敌视。处于人际敌视的个体之间几乎不再有人际交往。这种情况虽少见，但危害性较大，能使整个集体的人际关系变得不和谐。

（3）人际羞怯。个体在交往活动中习惯性地出现紧张反应，如脸红、结巴、口干、心慌，特别是面对一些特殊人物时更是如此，从而造成个体不愿积极交往的现象，称为人际羞怯。人际羞怯具有情境性，脱离了交往情境，羞怯反应就自行消失了。

（4）人际恐怖。个体在交往活动中经常出现惊慌失措、局促不安、无所适从等现象，称为人际恐怖。人际恐怖使个体极其敏感，进一步加重人际交往困难的程度和范围。

（5）人际逃避。人际逃避有两种情形：其一是人际恐怖的直接结果，即个体不敢面对人际交往的情境，亦称社交恐怖症；其二是个体敏感、厌恶某些人际情境而不愿介入。就后一种而言，个体阻断了信息交流与情感沟通，容易造成人际困乏，是一种非常消极的表现。

（四）心理症状辨析

由于心理症状难以辨析，心理现象无法进行脑部定位，只能根据患者的描述进行症状性质的判断。

1. 心理症状的正确判断

正常的心理状态并无统一标准，因而对于心理症状的定义和分类也尤为困难。健康的概念是指躯体、精神状态良好以及社会功能的完整；而心理疾病通常认为是大脑功能受损的外在表现，医生需要处理的症状以及偏离统计学标准的各个指标，因此，对于“正常”，医生要有一个整体的概念，如幻觉，该症状的出现是不正常的，但并不意味着就一定患有精神疾病。另外，还要认识到文化因素对患者的主观感受、内心表达以及行为方式有重要影响。

内科学中将症状（患者的主观感受）和体征（体格检查发现的客观现象）严格区别开，而在心理科中它们都是通过患者的描述发现的。如患者称自己情绪不好，便可确认一个症状；如果患者称自己膝盖的疼痛是受外物影响引起的，则可认为是精神心理疾病的体征。由于症状和体征的确认都来源于患者的描述，因此在心理科的术语中两者并未严格区分，而统称为症状。如需根据某个症状进行诊断，该症状在所诊断疾病中必须经常出现并且具有代表性。在心理检查中，必须设身处地地站在患者的立场，并通过一系列的定式询问检查，必要时解释或重复询问来全面了解患者的心理状况。根据心理症状判断是否罹患心理疾病并不容易，需要从整个的心理检查交谈中甄选出有诊断意义的词句。在进行心理检查时，心理科医务人员应当时刻意识到患者所有的言行举止，包括任何一个微小举动都可能是有意义的。

2. 压力失控的早期症状

（1）睡眠障碍。睡眠好坏是心理疾病患者病情变化的晴雨表，为发病较早的信号，主要表现为入睡困难、易醒、多梦、噩梦、早醒，而且多为无明显原因，无痛苦体验，更不会主动求医。有的即使彻夜不眠，次日依然毫无倦意，表面上精力过人，但仔细观察便可发现患者注意力难集中，语无伦次，情绪易变，做事有始无终，随时间推移病情就明显暴露。

（2）神经症症状。如头痛、失眠、易疲劳、注意力不集中、情绪不稳、工作学习能力下降以及癔症样表现等。用脑时精神容易兴奋（如回忆和联想增多，对需要思考的问题感到费力，而不需要思考的问题却很活跃，常因难以控制而感到痛苦和不快），有时对声音和光很敏感；入睡困难，睡后梦多，且醒后感到不解乏，终至睡眠感丧失，睡眠觉醒节律紊乱。

（3）情绪反常。表现为毫无原因的情绪波动，本来性格开朗，变得终日忧心忡忡，长吁短叹，愁眉不展；性格温和的，变得易发脾气，常因小事就大发雷霆，对人耿耿于怀；性格文静的变得兴奋活泼，好管闲事，终日喜气洋洋，或变得焦虑紧张，无故哭笑。

（4）行为改变。有的人表现动作增多，呆板重复，无目的性；有的举止迟缓，生活懒散，不能工作和料理家务；有的人收集一些无意义的物品，甚至随身携带一些果皮、废纸等不必要的东西；有的人反复洗涤或表现刻板仪式样动作等。

（5）性格改变。如原来热情合群的人变得对人冷淡，与人疏远、孤僻不合群，寡言少语，好独处，躲避亲友并怀敌意，生活懒散，不守纪律；或原来很有教养的人变得好发脾气，对人无礼貌。

（6）敏感多疑。如有人怀疑别人讲自己的坏话，别人的一言一行、一举一动都是针对他，甚至认为电视上、广播里、报纸上的内容也是与他有关；有人感觉自己的同事、邻居，甚至父母兄弟对自己不利，恐惧不安；有人觉得周围一切事变得对他不利，有某种特殊的含义等。

3. 正常人的异常心理

（1）抑郁反应。在一定因素下，正常人都会出现情绪低落，通常有相应的原因，持续时间较短，经过心理疏导、思想工作或外因的改变即可消除。

（2）焦虑反应。焦虑反应是人们适应某种特定环境的一种反应方式。但正常的焦虑反应常有其现实原因（现实性焦虑），并随着事过境迁而很快缓解。

（3）强迫现象。有些脑力劳动者，特别是办事认真的人反复思考一些自己都意识到没有必要的事，但持续时间不长，不影响生活工作。

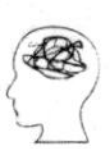

（4）疑病现象。很多人都将轻微的不适现象看成严重疾病，反复多次检查，特别是当亲友、邻居、同事因某病去世后容易出现。

（5）偏执和自我牵挂。任何人都有自我牵连倾向，即假设外界事物对自己影射着某种意义，特别是对自己有不利影响，如走进办公室时，人们停止谈话，这时往往会怀疑人们在议论自己。

（6）错觉。正常人在光线暗淡、恐惧紧张及期待等心理状态下可出现错觉，但经重复验证后可迅速纠正，成语“草木皆兵”“杯弓蛇影”等均是典型的例子。

（7）幻觉。正常人在迫切期待的情况下，可听到“叩门声”“呼唤声”，经过确认后，自己意识到是幻觉现象不能视为病态。

（8）自笑、自言自语。有些人在独处时自言自语，甚至边说边笑，但有客观原因，能选择场合，能自我控制，属正常现象。

第二章　心理健康与心理压力管理

第一节　认知、情绪与心理健康

一、认知与心理健康

认知是心理活动过程的起点，是人通过心理活动获取知识或应用知识，进而认识外部世界的过程。在心理学的发展过程中，认知在教育心理学、心理健康教育领域发挥着越来越大的作用。“认知是人通过心理活动（如形成概念、知觉、判断或想象）获取知识或应用知识，进而认识外部世界的过程，认知包括感觉、知觉、记忆、想象、思维和语言等心理现象。人脑加工、储存和提取信息的能力就是认知能力，表现为人们对事物的构成、性能与他物的关系、发展的动力、发展方向以及基本规律的把握能力”。[①] 认知能力是完成活动最重要的心理条件，知觉、记忆、注意、思维和想象等都被认为是认知能力。

认知的对象既包括客观物质世界，也包括人类自身和社会现象，并且对客观物质世界的认知和对人和社会现象的认知很不一样。心理学上习惯把对客观物质世界的认知称为一般认知，对人和社会现象的认知称为社会认知。一般认知是作为认知主体的人对无生命物体和抽象概念的信息加工。一般认知更多地与人的智力相联系，智力是一种更多由遗传决定的先天的认识能力，它表现为个体在接受知识和运用知识来解决问题时所表现出来的心理特征，因此可以达到更多的客观性。在社会认知中，个体对自己的认知被称为自我认知，主要包括对自己身体状态的认知（如健康、长相等）、对自己心理状况的认知（如性格、爱好、情感、意志等）、对自己社会关系的认知（如社会阶层、是否被人接受等）。个体对他人的认知是指对他人的身体状态、心理状况的认知。社会认知主要表现为对他人表情的认知、对他人性格的认知、对人与人关系的认知、对人的行为原因的认知。

社会认知是个人对他人的心理状态、行为动机、意向作出推测与判断的过程。社会认知的过程既是根据认知主体的过去经验及对有关线索的分析而进行的，又必须通过认知者

---

① 孔庆蓉，孙夏兰，杨玉莉．心理健康新观念［M］．北京：中央编译出版社，2016：43.

的思维活动（包括某种程度上的信息加工、推理、分类和归纳）来进行。因此，这种对人的认知，更多地取决于个体是否带有更多技巧性与灵活性的智慧，而智慧是一种与个体后天的知识经验相结合的认识能力，是先天与后天的结合，因此更容易出现偏差。社会认知有合理与不合理之分，合理认知是指对人和周围事物的客观而合理的信念，不合理的认知则是对人和周围事物的主观而不合理的信念。日常生活经验告诉我们，认知观念在一定程度上左右着人的情绪和行为，合理认知带来积极的心理状态，不合理认知则可能诱发消极的心理状态。

为了更好地保障心理健康，需要塑造健康的认知模式，可以从以下方面着手：

（一）改善认知失真的情况

一个认知失真的人，很难发现和改变，他会长期地受不合理的认知所操纵而不能自拔，这是由不合理认知的特征所决定的。人的心理活动非常复杂，心理活动的各个要素相互作用、彼此制约，人的认知与情绪情感、动机、需要、人格等紧密相连，因此形成复杂的相互作用。第一，认知失真的根源在于人们认知能力的有限性。第二，不合理认知一旦成为一种稳定的思维方式，便具有无意识性和自动性。第三，认知失真还具有自我保护功能，通过歪曲现实来缓解内心焦虑，求得心理平衡，因此也就有了酸葡萄心理和甜柠檬心理的自我安慰作用。第四，越是具有不安全感的人，其认知就越容易失真。第五，在感情色彩较浓的关系中认知容易失真，许多人在班级或其他正式的场合都通情达理，但是一到了亲近人面前，就像换了一个人，一点道理也不讲。这是因为在感情色彩很浓重的关系里，人们很容易求全责备，很容易将感性当作理性，将愿望当作要求。

认知失真具有无意识性、自动性、功能性，是个体所不知不觉的，所以，克服认知失真先要使无意识意识化。改变认知失真需要迈出的第一步最为艰难，就是认知失真者如何才能觉察自我挫败的信念并向其挑战。为了使无意识意识化，第一步是表面的顿悟，它虽然不能导致人格的改变，但可以帮助了解他们有问题，并了解困扰的起因。第二步是洞察。洞察有三个层次：一是了解我们会在生活中自己选择某些事件来困扰自己。大部分的困扰是因为个体产生的不良情绪和行为而不是事件本身，即我们常常对情绪与行为的结果感到困惑而不是对事件本身感到困惑。二是了解最初获得非理性信念的方式，以及如何选定并保持这些信念。自己的制约比别人所给予的制约更为重要。三是了解要改变自己的人格与不安的倾向，只要乐于尝试练习，积极地改变导致困扰的信念，并以实际行动来对抗，就能够改变自己的人格。

进行认知敏感训练也可以改善认知失真的情况，敏感并不是天生的品质，需要个体在日常生活中处处留心、时时锻炼。认知敏感的训练与个人生活圈子的扩大紧密相连。个体的生活圈子越小，其自身的消极因素也就越大，阻止人的感官、情感和智能的自发性成长。在日常生活中，不断扩大人际交往的圈子，看新闻，对新观念持开放态度等，都是增加认知敏感度的方法。但是要注意的是，认知发展包括了感性和理性两个方面。敏感是感性层次的认知发展，而成熟的判断需要理性，理性的形成需要的是开明与变通。

（二）积极正确地进行归因

一些人经常带着日常生活的偏见去进行归因，因此导致许多归因错误，一个最基本的归因错误是在归因中产生行动者—观察者效应，人们在对自己与他人的行为进行归因时会有差异，常常将别人的行为归因于较稳定的个性因素，而将自己的行为归因于外部因素，随境而变。产生这种差异的原因也许是自己与他人的行为的突出程度不同，因此知觉效果也不同。作为行为者，人们不能清楚地看到自己是怎样行动的，而影响自己的环境因素却十分突出，所以很容易将行为归因于外部因素；反之，作为别人行为的观察者时，他人的行为就成为知觉对象，而环境则成为模糊的知觉背景，所以常将他人行为归因于行动者自身。

然而，如果是成功或者失败的归因事件，人们的归因倾向又有不同，对他人的成功，一些人常常归因于外因，而对于自己的成功，常常归因于内因；反之，对他人的失败，一些人倾向于归为内因，而对自己的失败，倾向于归为外因。在归因中，表现出明显的自我服务偏向和防卫性，其目的在于维护自尊，减少不利事件对自己的威胁。正是因为归因中存在诸多的错误与偏差，所以在社会认知中常导致人际矛盾。因此在社会认知中，应该警惕归因错误。

在应用归因理论改善认知时，先要注意进行正确归因。要考虑因果结构的各个方面，对事件的原因进行全面分析。同时要警惕归因错误与偏差，防止情绪与动机对归因的潜在干扰。在对成败进行归因时，应更多地关注可控因素，这样可以增加自信。一些人的自卑常常是由于对成败的归因不当造成的。将失败归因于能力，会使人自卑；将原因更多地归因于可控因素，可以增加自信。

实际上，绝大多数的成功与失败，都不是单一原因造成的，都是多种因素综合作用的结果。在这些因素中，有主观因素，也有客观因素；有可控因素，也有不可控因素；有稳定因素，也有不稳定因素。在正确进行归因、实事求是地分析成败的真实原因的基础上，希望归因者有一个策略性的选择，将注意力更多地放在可控制的主观因素，如努力、学习方法等，因为这些因素是自己可以控制的；而对自己不可控、不能改变的因素，不需要过分在意。冷静地反省自己的归因方式对自己的自信心的影响，然后进行相应的积极调整，改变消极的归因，会感受到更多的主动性，也会更加自信。

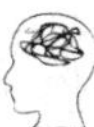

二、情绪与心理健康

情绪是心理活动过程的重要环节，它与认知有显著的不同，认知要求的是主体要尽量客观地反映外在事物的本来面目，不会因人而异。而情绪却与人的主观需要紧密相连。因此，情绪更多地与自我相连，具有更明显的主观性与个体性。情绪既有主体独特的内在心理体验，也有生理唤醒和外部表现。因此，情绪最能表达人的内心状态，是人的心理状态的晴雨表。情绪是一个极其复杂的心理现象，无时无刻不在个体身上体现。

（一）情绪对心理健康的影响

稳定、乐观的情绪是心理健康的重要标志，情绪对心理健康的影响表现如下：

第一，情绪会影响人们的个性发展。长期生活在抑郁、忧郁情绪下的人往往人际交往能力差，不大受欢迎。而那些达观快乐的人通常是人际交往中非常受欢迎的对象。

第二，情绪会影响人们对自我的认识和评价。个体在处于消极情绪时，常常会降低对自我的评价，会作出“我总是失败的”“我没有能力”这样的自我挫败性质的归因。

第三，情绪会影响人们的认知思维水平。乐观平静的情绪有助于个体进行冷静思考，紧张、烦躁的情绪会阻碍个体进行正常的思考，会导致个体减缓问题解决的速度。人的情绪虽然主要受皮层下中枢支配，但是当这一部分活动过强时，大脑皮层的高级心智活动如推理、辨别等将受到抑制，使认识范围缩小，不能正确评价自己行动的意义及后果，自制力降低；引起正常行为的瓦解，并使工作和学习效率降低。

（二）构建积极、健康的情绪

“在培养人格健全、身心全面发展的人才过程中，积极情绪的培养是一条有效的途径”。[①] 构建积极、健康的情绪可以从以下方面着手：

1. 培养高情商

情商其实是一种情感智慧，情商包含了自制、热忱、坚持，以及自我驱动、自我鞭策的能力，情绪智力可以扩展为五个主要领域：了解自身情绪、管理情绪、自我激励、识别他人情绪、处理人际关系。练就高情商并非一件容易的事情，培养高情商需要个体时刻拥有清醒和正确的“自我认知”，在物质和精神的变幻过程中拥有“自醒”的能力，在人际交往中可以快速地“识别情绪”，面对悲伤和困难知道如何“整理情绪”。培养情商是一

---

① 朱翠英，银小兰. 积极情绪对健康人格的影响探析［J］. 湖南师范大学社会科学学报，2011，40（1）：143.

个持久累积的过程。一个人的成败和处理事情的结果，往往与他人对自己的情绪反馈有着直接联系。高情商的人通常会察言观色，情绪的正负反应都是双向的，让人愿意和自己合作。

2. 积极调整情绪

在现实生活中，任何人都有可能遇到不顺、压力等，不管事物本身如何，伴随着人的主观感受、主观认识都会产生情绪体验，出现不同的情绪反应。良好愉快的情绪有益于健康，而压抑、焦虑等不良情绪不利于健康。情绪直接影响健康，培养良好情绪，跟一个人要有良好修养一样，也要有良好的情绪修养。只要自己感到情绪不佳，就要及时予以调整。积极调整情绪的方法如下：

（1）改善认知。认知在情绪中起主导作用，因此调整情绪先要改变对事物的认知。认知变，态度变，态度变，结果亦变。只有当思维发生了变化，不良的情绪模式才会发生改变，纠结的情绪才会调理通畅。情绪是由自己掌控的，自己决定自己是否快乐。事情本身没有变化，但认知、感受可以改变，从不同角度、不同立场来观察事物，关键在于心态。

（2）学会制怒。一个人的情绪反应，在有了心理矛盾时，人们很容易被激化，此刻，最需要的是有良好的制怒情绪修养，那就是要有自制力、自控力。人类的大脑有积极监督情绪的作用，发挥自制、自控力，使激昂的神经冲动得以平静下来。要以宽容、理解、友善来看待事情，以换位思考、转换角度来看待事物。

（3）压力调适。适度的压力，有时候会起到积极作用，因为有了一定的压力，能调动机体反应，使之精神调节恰到好处，机体处于良好的兴奋状态，压力会变成动力。但是如果压力过大，机体长期处于高度紧张状态，大脑神经系统、内分泌系统就会出现功能紊乱。个体生理上出现精神萎靡不振、失眠、血压升高等症状；心理上出现情绪紊乱如焦虑、急躁、忧郁等表现；行为上出现注意力不集中、记忆力下降、工作效率低、退缩等表现，甚至会引起某些心身疾病。因此，压力情绪的调整十分重要，因为压力无处不在，压力是无法回避的，回避压力恐怕是天方夜谭，只能面对。关键是要适时缓解和减轻压力，并不断地提高自己对压力的承受能力，善于把压力转化为动力。

3. 丰富自身情感

情感赋予了人类认知、意志等不能给予的自我的内在意义，一个真正的人，是一个具有丰富情感的人。个体在情绪的一次次的感动与自我感动中，人性慢慢升华，在一次次体验与领悟中，个体渐渐成长。丰富自身情感可以从以下方面着手：

（1）感受崇高。崇高属于道德感的范畴，其中，义务感和责任感是道德感的核心。当人们确确实实体会到自己肩负的责任和义务时，就会感到拥有无穷的力量。超越了人性的弱点，也就能够感受到一种崇高。许多伟人、名人都写过忏悔录，他们的人格因为健康的内疚和悔恨而更显得真诚和丰厚。健康的道德痛苦与道德愉快一样具有力量。超越了自卑与痛苦，个体就会体会到人格的一种成长。如果说感受义务与责任是一种大德，那么坦坦荡荡为人，便是小德，自我修养虽然要重大德但是却不可轻小德，芸芸众生在平凡的日常生活中也有许多感受崇高的机会。

（2）感受爱。爱是人类的一种高级情感。在情感这个维度，一个人的不成熟常常表现在对身边的爱熟视无睹，因此要学会爱、给予爱，先必须能够感受爱、体会爱。学会关注与善待自然万物，是我们该体会的爱的一种。父母同样有一颗需要关心爱护的心，尤其是来自子女的关爱，父母常常会因为我们对他们的一点关心而感动。除了父母之爱，爱还包括对我们周围一切人的欣赏与接纳。爱还包括爱自己，悦纳自我。

（3）感受自我的力量。道德教育中非常鼓励人们在社会生活中的利他行为，但是，从心理健康的角度看，过分利他是一种不健康的行为。根本原因是过分利他将导致自我的迷失。从利他行为的形成与发展来看，可以分为作为手段的利他行为和作为目的的利他行为两种。

个体最初的利他行为，都是作为手段的，如儿童的利他行为只有在得到奖励的情况下才能够得到巩固，这些奖励在起到巩固孩子行为的作用的同时也促进了儿童预见性的发展。儿童能够预见到，在利他行为之后，必然会有奖励，一旦形成了这样的预见性，为了得到奖励，儿童将更加积极地做出利他行为，如此循环，将形成一个不断加强的链条：利他行为—奖励—满足感—利他行为—奖励—更大的满足感……在这样的模式中，儿童的行为顶多只能算是准道德的，无法体现出主体的自我力量。当然，随着儿童心理世界的发展，利他行为可能发生一种奇迹式的飞跃，由手段变成了目的，行为者在利他行为中得到了愉快。这种愉快不是依赖于别人的奖励，而是取决于行为者个人心目中相对独立的自我肯定的评价。这种自我肯定常常要经历严峻的考验，例如，利他行为与来自社会的任何形式的报酬都毫无关联；或者行为招致了别人的否定评价。但是基于道德上的自我肯定，行为者仍然感到心安理得，义无反顾，此时的利他行为与自我的力量紧密相连。

第二节 自我意识、意志与心理健康

一、自我意识与心理健康

（一）自我意识的主要结构

自我意识是个体对自己存在状况的觉察、认知，就是对“自我”的意识，自我意识是意识的核心部分。自我是人格的必要组成，是行为的最终指挥官，那么，自我意识就是自我的观察、评价与监督者，对自我的一切认识、体验及调控就是自我意识。自我意识包括了个体对自己的存在以及自己对周围的人或物的关系的意识。任何心理活动都是知、情、意的统一体，所以，自我意识一般包含了自我认识、自我体验、自我控制三个环节。自我认识解决“我是一个什么样的人”的问题，自我体验解决“我对自己是否满意”的问题，自我控制解决“如何改变现状，使自己成为一个理想的人”的问题。自我认识、自我体验和自我控制三个方面紧密联系，其中，自我认识是基础，决定了自我体验的主导心境和自我控制的内容；自我体验强化着自我认识，决定了自我控制的行为力度；自我控制是完善自我的途径，调节着个体的自我认识和自我体验，三个方面整合之后就形成了完整的自我意识。

1. 自我认识

自我认识就是自己对自己的认识，包括自我认知和自我评价。自我认知是个体对自身状况的理解，自我评价是个体对“自我”各个方面的评估。生理自我是对自己身体的认识，涉及对身高、体重、容貌、性别、身体状况等方面的认识和情绪体验，对自己身体的认识和满意度在很大程度影响了自信、自尊等自我体验的高低。社会自我是对自己在社会关系、人际关系中角色的认识，包括与父母、同伴和老师的关系以及自己在这些圈子里的地位。心理自我是对自己心理特征的认识，它建立在生理自我与社会自我的基础上，包括个体对自己的性格、气质、情绪、智力、态度和行为特点的认识，以这三个方面的自我为基础，个体对自我的各个方面进行评估，给自己下一个结论就是自我评价。人们的所知决定了所感和所行，所以，如何认识自我就成为一个非常重要的开端，个体只有很好地认识自己才能很好地评价、控制自己。

2. 自我体验

自我体验是在自我认识的基础上的一种情绪体验，是自己对自己是否满意的问题，如

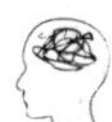

果满意，就会自我肯定；如果不满意就会自我否定。自我认识决定自我体验，而同时自我体验又往往会强化自我认识并影响着自我控制。我们每个人都有过这样的经验：对自己失望，所有的事情都用灰色的情绪来看，心情沮丧，抑郁消沉，所看、所做，甚至记忆里的点点滴滴都是令人伤感的、自我否定的。而自我充满自信时，对自己的缺点都可以合理化，积极对待、努力改善。人的情感很丰富，自我体验正是对自我的感受，这种感受的积极与否关系到每个个体对自身发展的要求高低和行动方向的对错。

3. 自我控制

当经历了了解自我、感受自我之后，就需要表现自我，自我控制就是表现自我，是个体自己对自己的设计，是个体自己对自己的指导。心理学常常用自制力来表示个体自我控制的能力。自制力的强弱或者高低可以直接由情绪、行为表现出来。自制力强的人，不容易感情用事，能够克制情绪，做事有计划性，努力方向明确，给人深沉、冷静、沉着的印象。

从生理发展的角度看，自我控制与个体大脑额叶的发育状况有关系。额叶是大脑中发育成熟比较缓慢的部分，因此，通常讲，当我们由儿童长成少年、青年时，自控力是渐渐增强的。但是，随着个体步入老年，额叶也会随着衰老而功能退化，自我控制能力降低，被形象地称为“老小孩”。当生理发育正常时，自我认识、自我体验将决定个体自我控制的情况，而自我控制同时又强化了自我认识和自我体验。例如，一个能够合理认识自我的人，他有适度的自信心，在他的自我体验中存在着许多积极的经验，这些经验会反过来增强自我对自身能力的肯定，会使他变得更加自信。所以，自我控制不仅是对自我行为的控制，也是对自我认识、自我体验的控制，是通过积极选择认识角度、转变自我观念、调整自我评价标准、修正自我形象、感受积极自我的控制。

总而言之，自我认识、自我体验、自我控制是自我意识的三个不可分割的部分。以自我认识为基础，自我认识决定了自我体验的情绪基调是积极的还是消极的，并控制了自我控制的内容。但是自我体验作为起渲染作用的情绪，强化了个体的自我认识，同时决定着自我控制的行为力度。自我控制是完善自我的途径，并调节着认知和体验。三个部分的协调一致、积极主动正是自我意识发展的动力所在。自我意识是个体自主性的体现，人格的铸造自始至终是通过自我导向、自我监督和自我激励来实现的。另外，自我意识是区分外界（“我”与“非我”）、联系外界（与外界接触、比较、认同或排斥）的枢纽，自我意识是心理健康的衡量标准之一。

（二）健康自我意识的特点

自我意识与心理健康关系密切，心理健康虽然不等于自我意识成熟，但成熟的自我意识是心理健康的一个重要特点。健康的自我意识一般具有以下特点：

第一，恰当的自我认识。一个心理健康的人，在人生的不同阶段对自我的认识程度是不一样的。三岁前的儿童应该具备生理我的基本认识，渐渐从童年进入少年之后就应该有社会我和心理我的自我体认。到了成年，个体就应该达到生理我、社会我和心理我的同一，我就是我，一个完整的我，一个无论何时何地都可以真实体验到的我，所有关于我的认知、体验和控制都是身心合一的。

第二，真实的自我体验。真实就是喜、怒、哀、乐皆自然，一个人不能简单因为自己有某一种不快的、消极的自我体验就认为自己不健康，而拥有了某种积极的自我体验就说自己是健康的。例如，人们在幼年时，面对成年人的世界，通常会产生“我不行”的感受，其实这种“我不行”就是一种自卑体验。但是，这是个体在发展过程中的正常体验，虽然带来了小烦恼，但又恰恰是个体成长的动力。

第三，合理有效的自我控制。不同年龄的人有不同的自我控制的方式和能力，不同的角色也有不同的自我控制的方式和能力。因此，合理的自我控制就是恰当的自我展示、符合年龄和角色的行动导向和情感抒发。一个自我意识健康成熟的人能将自身的愿望与社会责任相互协调，走出不符合年龄特征的自我中心和盲从，能够认识到自己的行为和结果之间的该由自我来承担的直接责任。所以，能为自己的行为负责，并愿意为此负责，相信可以通过自我的力量适应环境、改善环境，相信自己的思维和行动可以由自我控制，相信自我是一个可以不断走向完善的过程。

总而言之，健康的自我意识是可以促进自我不断发展的意识，当自我倒退或者停滞不前时能够及时觉察到，然后发挥意识所具有的主观能动性来调整行为，明确方向，使自我始终处于不断发展的状态。

（三）健康自我意识的培养

1. 积极地悦纳自我

悦纳自我是发展健全自我的核心和关键，悦纳自我就是要无条件地接受自己的一切：好的和坏的，成功的和失败的；要喜欢自己、肯定自己的价值，对自己有价值感、自豪感、愉快感和满足感。人的自我认识是通过自省和人言的融合而实现的，而且是贯穿了过去、现在和未来，这就不可避免地存在着两对交织着的矛盾：其一是主观我和客观我的矛盾，源于内省与人言的差异和不一致；其二是现实我和理想我的矛盾。现实我是综合了自我评价和他人评价后的存在中的现在的我，理想我是综合了自我要求与他人要求后的虚拟的最令自己向往的我。这个矛盾是个体自我成长的要求，也是人和人的比较。通过比较我

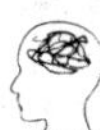

们都会在意识中产生一个学习的榜样，这个榜样可以跨越时空、文化和生活，可能是现实生活中的某人，也可能是某个历史人物，还可能是某个文学艺术作品中的人物。两种矛盾不存在明显的界限，自我可能因为人言而确定一个理想我，而以自省作为现实我，这时，自省与人言的矛盾就成为现实我与理想我的矛盾。

理想我与现实我的矛盾是在主观我和客观我的发展过程中产生的。一般而言，二者总是不一致的，但是如何看待二者之间的不一致，如何看待理想我和现实我的差距直接影响了个体的自我体验。如果是理想我，正处在积极的情绪体验之中，是个自信的人。一方面可以继续勇敢地审视这个差距，同时相信自己，可以克服困难，提高现实我，以实现理想我，实事求是地根据主客观环境调整理想我。如果是现实我，要准确分析自己的情绪到底有哪些，如果是可为而未为的“后悔”，那就要努力的分析未为的原因，找到阻碍自己的问题点，进而在下一次作出争取的选择；如果是想为而不可为的“自卑”，需要让自己自信起来，找到自己能力所在可以做的事，努力去做，对于受客观实际影响而无法去做的事，就以平和的心态淡然对待，调整自己的情绪。

2. 有效地控制自我

自我控制是人主动定向地改变自己的心理品质、特征和行为的心理过程，是人们健全自我意识、完善自我的根本途径。有些人对自我抱有很高的期望，但因为没有足够的自制能力和意志，经受不住挫折和打击，无法实现自我理想，而那些自卑的人更是因为自己无法控制自我的不良情绪使自己偏离了健全的自我意识的轨道。总而言之，人们应根据自己的实际情况和社会需要，确立合适的抱负，通过自我奋斗，达到自我实现和自我成功。

3. 不断完善与超越自我

加强自我修养，不断进行自我塑造，达到完善自我、超越自我的境界是健全自我意识的终极目标。健全自我的过程也是一个塑造自我、超越自我的过程。自我认识已是不易，自我控制也很难，若要再期望自我开拓、提升、超越更是难上加难。但做人一生，唯求成为自己。要从点滴小事开始，从行动开始。所以自我修养、自我塑造先应根据社会的需要和个人的特点，在自我协调的基础上，行与知并重。例如，要想运动健身，就要天天进行自己喜欢的体育活动；要想开阔思路，就要多读书，多听讲座。在行动时，无论对人对事，均全力以赴，使自己能力品行得到最大限度的发挥。行动之后再反省得失原因，再度投入行动吸取教训作为经验，一旦有所成果，便再反省总结。如此往复进行，自我便一步一步得到扩展和深化，自我的境界也就自然而然得到开拓和提升。

完善自我、超越自我也是一个“新我”形成的过程。从“小我”走向“大我”，从“昨天之我”向“今日之我”“明日之我”迈进。珍惜已有的自我，追求更好更高的自我，做一个“自如的、独特的、最好的自我”。自我的健全并不是一帆风顺的过程，它需要付出艰辛的努力。需要接纳自我与自我所在的现实环境；需要对自己决定做的事，付诸行动，并全力以赴；需要在工作中多投入情感，也可以得到情感收获。

二、意志与心理健康

意志是个体的心理机能，是个体在行动过程中重要的组成部分，是人的理性、理智的表现。意志和认知、情绪情感同为心理活动过程，是个体自觉确定目的，根据目的支配、调节行动，克服困难，从而实现预定目的过程。同认知不同的是，意志最终通过个体的行动表现出来。意志既有静态层面的含义，也有动态层面的含义。从静态层面而言，意志是引导人们行动的力量，当一个人能够在某一事件或一连串事件中表现出极大的决心与力量时，就会被认为具有很强的意志；从动态层面而言，意志是人们在这些行动中的行为。一个人的意志的特性，需要通过他的决心或行动的力度和持久性体现出来。这样，在这一过程中所展现出来的意志就变成了动态的意志力，他的决心就成了引导自我心理的行为。意志健全是心理健康的一个重要指标，意志健全是指意志能够调节行动，克服困难，达到预定目标。

（一）提高挫折耐受力，培养良好意志品质

挫折是一种生活现象，我们每个人都会对它有自己的认识，也有自己的体验。挫折是人生不可避免的，提高挫折耐受力是培养良好意志品质的重要方面。在现实生活中，挫折是一种客观存在，任何人在现实生活中都不可能一帆风顺，总要受到一些无法排除的干扰和阻碍，致使某些目标不能达到。挫折不完全是消极的，对个体而言有利有弊。在某些情况下，挫折可以激发更大的意志努力，促使人更加坚定地向预定目标奋进。挫折可以分为很多种，缺乏挫折主要是当我们无法拥有自己认为非常重要的东西时，所感受到的一种挫折心理或心态。因而，就缺乏挫折的内容而言，会因个人的需求、社会地位和经济状况等因素的不同而相异。

一般而言，在缺乏挫折的范畴下，可有物资缺乏、能力缺乏、生理条件缺乏和情感缺乏等种类，这种种缺乏挫折的感受都会给我们带来不同程度的心理压力。损失挫折这种挫折在形式上与缺乏挫折相近，但是体验、结果和意义却不尽相同。缺乏挫折主要是由于长期缺乏或缺少需要的东西而造成的心理挫折。而损失挫折则主要是失去了原来所拥有的东西而引起的心理挫折，会使我们产生巨大的心理压力。阻碍挫折主要是指那些在我们的需求和目标之间所出现的阻碍或障碍，从而给我们所带来的心理挫折。这种阻碍可能是客观的或物质性的，可能是社会性的，也可能是观念性的。例如，我们有许多需求，而当个体

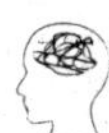

的需求与社会风俗习惯不一致的时候，这种风俗习惯或规范也就成了我们的需求与目标之间的阻碍，也就会给我们带来心理挫折的感觉，造成我们的心理压力。

意志行为的特征之一是勇于克服困难和阻碍，而正确对待挫折是克服困难的一个方面。因此能否经受得住挫折不仅取决于个体经受挫折时的心理状态、对挫折的认知，还取决于个体对待挫折的态度以及应对挫折的方法。生活是具体的，因此引起挫折的原因也是多种多样、因人而异的。尽管如此，总会在不同的程度上涉及外在的客观因素和内在的主观因素两个方面，并且在本质上都会涉及一个人的欲求水平。就外在的客观因素而言，包括无法预料的自然变故、突发的意外事件等，也包括我们在社会生活中道德、风俗等社会规范方面的限制，包括社交生活中所受到的限制或失意，还有更为具体的家庭生活中种种不能令人如意的事情。内在的主观因素，包括了个体生理条件和心理诸因素。个体生理条件主要是指个体生理上的某些缺陷或疾病带来的限制，使个体不能胜任某些工作或进行某些活动，因而无法实现约定的目标等。

心理因素引起的挫折是复杂的，主要原因是个体过高的期望值或不适当的自我估计。但是最为主要的还是我们每个个体内在的欲求水准。欲求水准是一个人对成功与失败的体验，包括对挫折的体验，不仅仅依赖于某种客观标准，而且更多地依赖于个体内在的欲求目标。任何远离这一欲求水准的活动都不能产生成功或失败的体验。所以，在挫折体验以及挫折产生的过程中，个体的欲求水准和其主观态度起着主要的作用，需要得到重视。

（二）积极有效行为观构建，推动心理健康

1. 追寻人生意义，确立目标

我们的任何行为背后都有一股强劲的力量，那就是自我的价值和生活的意义。如果一个人感受不到自我的价值和生活的意义，他的任何行为都将陷入消极被动。生活的压力使人普遍具有把握不住自己、把握不住生活的感觉，一些人可能觉得自己的生活有些无聊或无趣。每一个关心自身心理健康的人要对无聊心理加以重视。无聊心理的主要特点就是空虚、幻想、被动，感觉不到自我存在的意义和人生的价值，其症结是没有确立合适的人生目标。空虚是因为没有目标或目标太低，远不能满足心理需要。没有目标的牵引，生活就缺乏动力，没有对目标价值的深刻认识，生活就缺乏意义。幻想是因为目标太高或目标太多不专一，这种超出能力、不切实际的目标会导致行为受挫折，个人感到无力承担生活的负担，以逃避现实的方法使得内心得到满足，在幻觉或梦境中实现自己的理想。被动是因为所追求的目标不是自己由衷向往的或自觉认同的，体验不到丝毫的乐趣，没有积极性、主动性和创造性。由此可见，克服无聊心理的关键就是确立一个合适的人生目标。心中有

一个有价值的目标，才能避免空虚，感到生活的意义；积极行动去追求目标的实现，才能从幻想中挣脱出来，感到生活的意义；做自己想做的事情，才能变被动为主动，感到生活的美好。

2. 学会对自己负责，付诸行动

人类最基本的需要是爱与被爱的需要、自我价值感，合二为一就是认同。如果我们的行为使这种需要得到满足，我们就会产生成功的认同，这种行为就是负责的行为，即在不剥夺他人实现需要的原则下满足自己需要的行为。反之，由于社会、家庭、学校的一些不足使一些人没有学会对自己的行为负责，不适当的行为会使个体的需要得不到满足，于是产生失败的认同。

一个人总是生活在现实世界中，他要满足自己的需要必须依赖环境和他人，而他能够控制的只有自己的行为。在行为上个体有选择的自由权，而适应环境的行为才是合适的选择，这样他才有可能从与环境的关系中获得自己所需要的东西。对自己的选择行为及后果负责任，可以从以下方面着手：

首先，个体要认清自己的需要，对自身当前的行为进行价值判断。对一件事情，可以选择去做，也可以选择不做；可以选择这样做，也可以选择那样做，这是选择的自由；但是自由伴随着责任，应该通过价值判断对自己的选择作出评价，最终应该选择于己有利、于人无害的行为，这才是现实的、负责任的做法、建设性的行为，才能真正满足自己的需求，对那些不能满足需要的具有破坏性的不负责任的行为要无条件地摒弃。

其次，行为者应当设计、制定一个建设性的行动方案，达到对自己生活的有效控制。这个计划必须是具体、明确的，方法手段可行，要求对履行自己的行为合同作出承诺（承诺的重要性）。最后就是将计划付诸行动。

3. 培养科学合理的生活方式

在人的心理活动中，意志是自由的。在一定条件下，任何一个人都可以按照自己的意愿自主地确定目的，发动或制止某个行动，选择行为方式。所以可以说，人生的快乐就在于充分地运用这种自由，体验这种自由。但是，意志自由是相对的、有条件的，如果不切实际地追求行为所无法满足的欲望，就必然会在实践中碰壁。不切实际的欲望越多、越强，而满足欲望的实际行动越弱、越无效，所遭受的挫折感、失败感就越大，由此引发无尽的烦恼，这种不健康的心理会严重影响生活质量。因此，驾驭欲望是心理健康的重要策略。

社会的、个人的、环境的诸种因素交织在一起，不断地影响着人们生活方式的转变和新生活方式的形成。生活方式与健康之间存在着密切的关系。除了共同的社会文化因素，

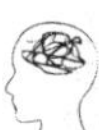

每个人都有自己独特的生活方式，在成长过程中，父母、老师、同伴以及个体所经历的种种事件，塑造了个体对生活的独特态度和特殊的行为习惯。人们要建立起一种文明、科学、健康的生活方式，要试图改进自己的生活方式，使之更为理性、明智、合理，以适应不断变化的社会。

改进生活方式需要改变观念，例如，要正确地了解自我，具有自知之明；制定目标不能过高，要有一个由近及远的目标系列；要理智地分析将做事情的价值和可行性；要增强行为的自主性，主动地去发掘生活的意义；要喜欢挑战、求新，抓住机遇，展示潜能，完善个性等。

改进生活方式可以从日常生活做起，培养良好的生活习惯，提高生活自理能力。包括合理安排时间和使用金钱，科学安排好自己的衣食住行，正确处理好与周围人的关系，坚持锻炼身体、调整心境等，使自己的生活既有规律又有新意，对待生活既安心知足又积极进取。对已经形成的坏习惯要逐步戒除，要尽量避开容易故态复萌的场合，可以寻求他人的帮助，如果有回到老路上的冲动时可以用转移法，不能一次失败就完全放弃，要强化自己的每一点进步。

改进生活方式还可以进行系统的生活技能训练。生活技能是一个人有效地应付日常生活中的需求和挑战的能力，生活技能训练的内容包括作出决定与解决问题、认识自我与了解他人、批判与创造思维、人际交往、控制情绪及行为等。训练主要以小组活动为主，强调重复和强化，常采用的方法有讨论、个案分析、角色扮演、行动计划、放松练习、家庭训练等，充分调动学员的主观能动性，使他们真正掌握所需要的生活技能，并能够应用于现实生活中，全面改进原有的生活方式。

第三节　人格、人际关系与心理健康

一、人格与心理健康

（一）人格特性与结构

1. 人格的特性

人格是一种决定个体特有的行为和思想的个人内部的身心系统的动力性组织。人格是构成一个人的思想、情感、行为的特有统合模式，这个独特模式包含了一个人区别于他人的稳定而统一的心理品质。人格的特性如下：

（1）人格具有独特性。一个人的人格是在先天因素如遗传和后天因素如环境、教育等的交互作用下形成的。不同的个体，由于在遗传、生存环境、教育环境诸多方面的不同，因而也形成了各自独特的心理特点。此外，生活在同一社会群体中的人也有一些共同的人格特征，即民族性格和国民性格。

（2）人格具有稳定性。在行为中偶然发生的、一时性的心理特征不是人格特征。例如，一个从小内向的人，这种来自性格上的内向特点将长期如此，不会有太大的变化，这就是人格的稳定性。不过，强调人格的稳定性并不是绝对的一成不变，随着个体生理的成熟和环境的改变，人格特征也会有或多或少的变化。

（3）人格具有统合性。人格是由多种成分构成的一个有机整体，具有内在的一致性，受自我意识的调控。人格的统合性是个体心理健康的重要指标。当一个人的人格结构在各个方面彼此和谐一致时，他的人格就是健康的。

（4）人格具有功能性。人格决定一个人的生活方式，甚至决定一个人的命运，因而是人生成败的根源之一。当面对挫折与失败时，坚强的人能够发奋拼搏，这就是人格功能的表现。

2. 人格的结构

人格是一个具有丰富内涵的概念。传统的人格心理学认为人格包括人格心理特征和人格倾向性两个相互联系的方面。人格心理特征包括了能力、气质、性格，这些心理特征在不同程度上受到先天遗传因素的影响，相对比较稳定。人格倾向性包括了需要、动机、兴趣、价值观、理想等，主要是个体在后天社会化的过程中形成的，集中反映了个体独特的一面。随着心理学的发展，对人格的认识越来越全面。人格是一个复杂的结构系统，人格包括许多种成分，其中主要有气质、性格、自我调控等方面。

（1）气质。气质是不以个体活动的目的和内容为转移的典型的心理活动的动力特征。

第一，气质是心理活动的动力特征，主要是指：①个体心理活动发生的速度和稳定性，例如，知觉速度，思维的灵活性，情绪发生快慢，注意力维持时间的长短等。气质反映了个体心理活动发生的速度和心理活动发生的稳定性等特点。②心理活动的强度，例如，情绪反应程度的强弱，意志努力的程度。③心理活动的指向，例如，有人指向外部世界，有人指向内部世界。

第二，气质是天赋的人格特征。小婴儿刚刚出生时就表现出了不同的气质特点，有的婴儿好动、哭声洪亮、不怕生人，有的婴儿安静、哭声细微、害怕生人。说明气质受遗传影响，这种先天的生理机制是个体气质的物质基础。

第三，气质是高度稳定的人格特征。当我们把气质与其他心理特征如价值观、兴趣、性格等进行比较时，可以发现气质是高度稳定的，当然这并不是表明气质是不可改变的。人口密度、营养、外伤、严重的突发事件等都会引起气质特点的某些变化，但这绝对不是即刻发生的变化，而是一个长时间的渐变过程，而且不是经常性的。正因为如此，气质是具有相当稳定性的人格特征。

（2）性格。性格是个性心理特征中的核心部分，它是一个人稳定的态度系统和相应的习惯化的行为风格的心理特征。心理学中一般把性格定义为个体在生活过程中形成的对现实的稳定态度和与之相适应的习惯化的行为方式。性格与人格有区别。性格是人格的重要组成部分，是个体在一定社会条件下表现出来的习惯化了的行为反应与情感，形成的相对稳定的人格心理特征。要对人格和性格进行准确的界定是不可能的。两者是各有侧重又有重叠的两个概念。性格更多地与有关道德、伦理问题的行为倾向相联系。所以，当我们谈到含有道德价值的情景时，当我们处理是非曲直的问题时，讲的是性格，而不是人格特质。性格的概念范畴小，人格的概念范畴大，人格包括性格，性格是人格的核心内容。

人与人的个性差别先表现在性格上，性格是在社会生活实践过程中逐步形成的。从性格的形成和改变过程来看，性格离不开人的社会活动。在从自然人向社会人转变的过程中，每个人的性格形成都会受到社会现实的影响，经常帮助别人的人，在自己遇到困难的时候也会得到别人的帮助，长此以往，就会形成热心助人的性格特征。性格的形成不是一日铸就的，性格一旦形成必然具有相对的稳定性，但这并不意味着性格是不可以改变的。

（3）自我调控系统。自我调控系统是人格中的内控系统或自控系统，具有自我认知、自我体验、自我控制三个子系统，其作用是对人格的各种成分进行调控，保证人格的完整、统一与和谐。自我认识是对自己的洞察和理解，包括自我观察和自我评价。自我观察是对自己的感知、思想和意向等方面的觉察，自我评价是对自己的想法、期望、行为及人格特征的判断与评估，这是自我调节的重要条件。如果一个人不能正确地认识自我，只看到自己的不足，觉得自己处处不如别人，就会产生自卑、丧失信心；如果一个人过高地估计自己，就会产生自大，导致失误。因此，恰当地认识自我，实事求是地评价自己，是自我调节和人格完善的重要前提。

自我体验是伴随着自我认识而产生的内心体验，是自我意识在情感上的表现。一个人对自己作出积极的评价时就会产生自尊感，作出消极的评价时就会产生自卑感。自我体验可以使自我认识转化为信念，进而指导一个人的言行；自我体验还能够伴随着自我评价激励适当的行为，抑制不适当的行为。例如，当一个人在认识到自己不适当的行为后果时，会产生内疚的情绪，进而制止这种行为的再次发生。自我控制是自我意识在行为上的表现，是实现向我意识调节的最后环节。自我控制包括了自我监控、自我激励、自我教育等成分。

（二）健全的人格培养

人不仅是自然人更是社会人，社会人的道德品质和行为方式对社会秩序会产生极大影响。人格健全的人会尽可能地使自己做的事与其所处的特定的社会文化背景相一致，从而产生积极的满足感。对于社会而言，健全人格有利于社会秩序的稳定。人格的形成来自两方面：一是先天遗传；二是后天环境的教育和培养。由于每个人的遗传和后天教育环境各有不同，因而形成不同的人格差异。除了遗传因素，人格是孩子从小在父母的培养教育下，在对周围环境的适应和感悟中一点点形成的。“良好的人格素质不仅是现代经济发展的需要，也是创造和谐社会环境、保证个人生活幸福的前提”。[①] 健全人格是各种良好的人格特征在个体身上的集中体现。

1. 塑造良好的性格

良好的性格是健全人格的核心内容，是人生和事业成功的必要条件，应引起重视，但值得提出的是性格不仅影响人的心理健康，还会直接影响人的生理健康。塑造良好的性格就非常必要，性格从最初的萌芽到最终成熟定型要经历一个漫长曲折的过程。心理学认为，性格的演变经历了童年的雏形阶段、青少年的成型阶段、成年的自我调节修养阶段，最终走向成熟。加强性格修养，有助于加快性格的成熟，避免形成不良性格。优秀的性格品质可以从以下方面来加以培养。

第一，道德品质。道德品质指的是个体依据一定的道德规范，在行动时表现出来的稳定的特征。作为一个合格公民，诚实、善良、富有爱心是最起码的原则，也是一个人格健全的人不可缺少的性格特征。善良和爱心需要脚踏实地地行动，从自己身边的每一件小事开始做起。道德的内化过程是由表及里、由浅入深的漫长过程，所以，道德品质在性格结构中属于较高层次。

第二，自尊。自尊心是性格中一种高尚的品质，自尊的人关心自我形象，积极向上，有追求。例如，在学习过程中为了证明自己的能力，为了赢得与自己能力相当的地位而发奋学习，不管是力求成功还是避免失败，都是源于自尊需要而产生的成就动机，所以自尊促使人积极向上。

第三，自信心。建立在客观基础之上的自信心，是成功人士性格中必不可少的特征之一。很难想象一个没有自信心的人会有所作为。自信是在肯定自己存在价值的基础上，了解自己的长处和短处，在工作学习中扬长补短，并相信自己的能力和努力。自信是对自己、对他人的悦纳，是一种意念，一种意志。自信并不意味着无视失败，无视风险，而是

---

① 苗兴壮．论健全人格的标准与人格教育［J］．教育探索，2011（6）：141.

具有面对失败的勇气、战胜失败的信念和把握成功机会的能力。性格中有了自信，生活里就会充满快乐。

第四，自我控制。自我控制是一个人良好性格的重要指标之一。一个人如果不善于自控，则意味着他不能有效地发动、支配自己或抑制自己的激情、控制自己的冲动，对未来的成长过程有害无益。自我控制主要靠后天自身的修养。首先，要明确自己的人生目标，对该做的和不该做的事情有清晰的认识，使自己的行为服务于目标；其次，要养成说一不二的习惯，这并非固执刻板，而是指自控能力的培养需要有坚定的意志，很多人有拖延的惯性，其实拖延成症之后人就变得懒惰，所以，凡事从长远考虑，不要为眼前的一时一事而放弃未来的目标。

第五，独立和创新。独立思考的倾向是性格成熟的标志之一。独立的人较少依赖别人，喜欢依靠自己的能力去达到目的，对别人的观点不是全盘接受而是有所选择。社会发展、文化传承需要一代又一代年轻人对过去和现实的扬弃。创新思维是目前社会上一个时新话题。好奇心是创新的起点，较强的能力和自主独立的性格是创新的要素，自我实现是创新的目的。创新遇到的最大困难是陈旧的观念、思维定式。

良好性格的形成和不良性格的改变是一个逐渐的过程，应从大处着眼，小处着手，先养成习惯，再巩固成为稳定的性格。在自身修养中不要看轻了日常小事的影响力，习惯养成性格，优良性格和不良性格的形成都是由浅入深、由表及里的过程，忽视平时良好习惯的养成而想拥有良好的性格是无法实现的。所以，每个人都应该为自己的性格负责，性格正是个人日常生活的体现。既然性格的形成是一个日积月累的过程，性格一旦形成就具有稳定性，那么不良性格的改变也是一个渐变的过程，但只要有持之以恒的精神就没有改变不了的性格。不良性格的改变过程本身就是良好性格的形成过程，其中最为重要的是勇气、坚强的意志和不懈的努力。

2. 发扬气质的积极面

气质和性格是两种不同的人格成分，鉴于气质的生理性特点，我们要学会正确认识气质，促进人格健康发展。

第一，气质是性格的生理基础。气质和性格同属于人格，两者各有侧重。气质是先天的，在婴儿出生之日起就已经具有了，性格主要是后天环境影响的产物；气质是行为的外显维度，性格则构成了行为内容。因此，具有不同气质的人性格表现有很大差异。气质类型并非性格，但气质是性格发展的基础。同样的气质类型可能形成好的性格，也可能走向反面。例如，多血质的人，其灵敏的特征，可能形成做事敏捷的性格特征，也可能形成粗心的性格特征。当然，气质并不是对所有的性格特征产生影响，只对明显带有情绪色彩和意志特征的性格部分产生较为明显的影响。

第二，气质类型无好坏优劣之分。每一个类型的气质都有积极面和消极面，如胆汁质[①]的人热情但急躁，多血质[②]的人敏捷却草率，抑郁质的人细致却多虑，粘液质[③]的人稳重然而死板。所以，不必为自己属于哪一种气质而高兴或担忧。气质和职业还是有一定的关系的，许多运动员的气质是多血质和胆汁质，而擅长悲剧人物心理描写的作家中有部分人是抑郁质。此外，人群中属于典型气质类型的人只是小部分，大部分人为一般型（近似某一类型的特征）或混合型（具有两种或两种以上类型的特征）。所以，在现实生活中一个人身上可能兼有几种气质的特征。

第三，对自身气质扬长避短。虽然气质也会受到后天环境的影响，但因其生理基础是人的高级神经活动类型，其改变过程是漫长的，所以我们不提倡个体改变气质本身，而应该尽可能地发挥自己气质中的积极面，克服消极面。

胆汁质的人应该保持自己有抱负、自信、热情、主动的优点，在生活和工作学习中尽量发挥自己擅长独立思维的特点，用自己的坦诚去结交朋友，成为一个受欢迎的人。但要注意克服粗心大意、简单化的缺点，平时在日常生活中努力养成三思而后行的习惯，对自己的信任应该建立在实事求是的基础上。对自己的奔放情感要有所控制，并使其维持长久，而不是事过境迁。

多血质的人，可以充分发挥机智活泼、善于适应环境变化的特点，在集体活动中出谋划策，以自己的朝气、生动的语言、表情为整个活动增色。但要注意保持情绪稳定，不要养成忽冷忽热的习惯。反应敏捷、兴趣广泛并不意味着学习可以一知半解，要改正做事追求速度不讲质量的缺点。

粘液质的人学习作风踏实，工作起来有条不紊，情绪稳定、善于自我控制，这些都是要发扬的积极面。但是稳定并非死板，尤其对新生事物应从新的角度、以新的方法来对待，不能墨守成规。在人际交往中冷静之外要是能够加上一些热情，相信会更受人们的欢迎。平时可以有意识多参加一些群体活动，在群体活动中逐渐形成活泼机敏的行为习惯，与粘液质的良好特征相得益彰。

抑郁质的人，能够体察到一般人不易察觉之处，感情细腻深沉，应保持细腻的特色，从而认真完成工作学习任务。但要防止细致过头而变成疑神疑鬼。对生活中碰到的不愉快不必长时间纠结，应多与人交往，学会正常抒发情绪，这样生活会变得轻松很多。

---

① 胆汁质，又称为兴奋型（不可遏止），属于兴奋而热烈的类型。

② 多血质，又称为活泼型，敏捷好动，善于交际，在新的环境里不感到拘束。

③ 粘液质，又称为安静型，强、平衡而不灵活的神经活动类型为粘液质的生理基础。

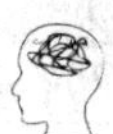

二、人际关系与心理健康

从广义看，人际关系是人与人之间的关系，包括社会中所有人与人之间的关系及其一切方面。从历史上考查，人际关系是同人类起源同步发生的一种极其古老的社会现象，其外延很广，包括朋友关系、夫妻关系、亲子关系、师生关系、同事关系等。人际关系受生产关系和政治关系的制约，是社会关系中较低层次的关系。同时，人际关系又渗透到社会关系的各个方面，是社会关系的横断面，进而又对社会关系具有反作用力。人际关系对群体内聚合力的大小、心理环境的创设有直接的影响，属于个人社会生活的微观环境。每个个体都必定生活在各种各样现实的、具体的人际关系之中。因此，人际关系是人所特有的一种心理现象，是社会关系的一个侧面。

从狭义看，人际关系是人与人之间通过交往与相互影响而形成的直接的心理关系。它反映了个人或群体满足其社会需要的心理状态，人际关系的发展变化取决于双方社会需要满足的程度：第一，人际关系表明了人与人相互交往过程中心理关系的亲密性、融洽性和协调性的程度；第二，人际关系是由一系列心理成分构成，有认知、情感和行为成分；第三，人际关系是在彼此交往活动的过程中建立和发展起来的。

从心理学角度而言，人际关系的结构包含三种成分：其一是认知成分，它反映了个体对人际关系状况的认知和理解，是人际知觉的结果，是理性条件；其二是情感成分，是个体对交往的评价态度，即交往双方在情感上满意的程度和亲疏关系，是情感条件；其三是行为成分，是交往双方在交往活动中的外在表现和结果，即能够表现个性的一切外在行为。

人际关系是人们在人际交往过程中所结成的心理关系，它表现出人们对他人的影响与依赖。与他人建立良好的人际关系是人类社会生活中最为重要的任务之一，人际关系在我们的心理生活中有着举足轻重的作用。与他人建立良好的人际关系，不仅可以使我们克服生活中的寂寞，而且人际关系所提供的社会支持对我们的身心健康有着不可替代的影响。

（一）人际关系与心理健康的联系

1. 良好人际关系有助于心理健康

良好的人际关系可以使人获得安全感和归属感，使人得到心理上尤其是情感上的支持和理解，使人得到精神上的愉悦感和满足感，促进个体身心健康。良好的人际关系能够对个体心理健康起到积极的影响作用，主要体现在两方面：一是良好的人际关系有助于加强人们之间的沟通，对个体的行为进行协调，从而降低矛盾发生的概率；二是良好的人际关系有助于推动个体身心健康的发展，由于人际关系与情感体验之间具有紧密的联系，因此，良好、融洽的人际关系可以对个体的生理、心理发挥积极的促进作用，使得个体保持心情愉悦，避免心理病态的产生。实际上，良好的人际关系能够为个体带来诸多益处，例如，团队归属感、价值保证、依附感、可靠的同盟、有用的忠告以及爱的机会等，使得个体在人际交往中逐渐形成和发展健康的心理。

2. 心理健康影响人际关系的培养

人际关系与心理健康是相辅相成的，一方面人际关系能够对个体心理健康起到积极的促进作用；另一方面心理健康也影响人际关系的协调性。人本质上是社会性动物，为了确保人与人之间的交往能够顺利地进行和开展，需要加强个体之间的合作与支持，这就依赖于人际关系的协调。一般而言，只有心理健康的个体才能在人际交往中以诚待人、正直谦虚、宽容大度，能够信任和支持周围人，并在人际交往中保持积极向上的友好态度，从而获得良好的人际关系。反之，如果个体的心理问题较多，那么他在人际交往中会带来人际矛盾，不利于人际关系的培养。

（二）良好人际关系的形成与引导

1. 良好人际关系的形成

一般而言，良好人际关系的形成和发展，经历一个从注意表层接触到亲密融合的发展阶段。交往刚开始，彼此未注意到对方的存在，双方关系处于零接触阶段。只有当一方开始注意到另外一方，或双方相互注意时，交往关系才开始确立，交往活动才开始全面展开。此时，如果彼此的情感卷入和融合，共同的心理领域就会不断扩大，一段时间之后，良好的人际关系就形成了。从人际交往由浅入深的发展历程来看，可以把良好人际关系的建立和发展划分为三个阶段，这三个阶段不是截然分开的，有时候是相互交叉和重叠的。

（1）注意阶段，即由零接触过渡到单向注意或双向注意的定向阶段。在这个阶段中，由开始的彼此无关逐渐实现选择性注意。这种选择本身反映着交往者的某种需要、倾向、兴趣。只有当双方的某些特质能够引起自己情感上的共鸣，才会引起人们的注意，从而把对方纳入自己的知觉对象或交往对象的范围。如果当交往双方互相注意时，这种状态更为良好，说明双方进行了互相选择，处于一种互动状态中，这就为人际关系的建立准备了更好的心理开端。注意阶段是一种尝试，目的是对别人获得一个初步印象，使自己明确是否有必要与对方做更进一步的交往，只有在价值观念等方面达成共识时，才有可能成为进一步交往的对象。因此，在注意阶段交往的双方都希望给对方留下一个良好的第一印象，试图为彼此的人际关系的发展获得一个良好的定向。当然，有时这个阶段是非常短暂的，且引起注意的原因也可能是偶然的，但它是形成人际关系的一个必经阶段。同时，由于个体

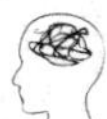

差异，其时间跨度也有所不同。总而言之，这是人际关系的准备阶段、起步阶段。

（2）接触阶段，即由注意逐渐向情感探索、情感沟通的轻度心理卷入阶段转向，此时开始建立初步的心理联系。在这个阶段，交往双方开始了角色性接触，例如打招呼、聊天、工作学习上的联系、生活上的相互照顾等，这种一般性的人际接触目的是为了探索彼此的共同情感领域，并经过一定的情感探索、情感沟通，双方自我暴露的深度和广度有所增加，但仍未进入对方的私密性领域，双方都遵守交往规则，不涉及对方牢牢守护的隐私。此时，双方在一起能够友好相处，离开对方也无关紧要，彼此没有强烈的吸引力。因而，这个阶段是普通的人际关系阶段。一旦情感卷入程度有所加强，交往的频率和深度有了新的进展，人际关系也就进入到下一个阶段。

（3）融合阶段，即由接触而导致情感联系不断增强，心理卷入程度不断扩大，进入稳定交往阶段。随着交往双方接触频率的增加，彼此间了解不断加深，情感联系越来越密切，心理距离越来越小，在心理上逐渐有了依恋和融合，这标志着人际关系性质已经发生了实质性的变化。此时，交往双方的安全感已经确立，并有中度或深度的情感卷入，自我呈现的广度和深度大大扩展，心理相容性也有进一步增加，对事物的看法、评价逐渐趋于一致，并引起情感上的高度共鸣，各种信息的输入输出不再失真，彼此也已经成为好友，一旦分离可能会出现某种焦虑、牵挂的情绪。当然，人际关系的融合阶段仍然有一个逐渐深化的过程，在其低水平的层次上，主要表现为交往双方的适应与合作，在高水平上，才是知交和融合，后面提到的亲密关系即属此例。

2. 良好人际关系的引导

在日益激烈的社会竞争中，人们面临着越来越复杂的人际关系，相应地表现出各种类型的心理状态，加上工作压力、社会环境等外在因素对人的影响，使得人际交往中可能出现各种问题，因此，引导人们培育良好的人际关系，养成积极的心理，是保障心理健康的重点。

（1）培育健康的人格，发挥个体魅力的积极作用。为了建立良好的人际关系，需要培育健康的人格，充分发挥个体魅力在人际交往中的积极作用。培育健康人格能够有效地解决心理问题，切实满足人际交往的需求，同时也能够推动心理健康的发展。在人际交往中，要与具有良好个性品质的人建立人际联系，多多接触正直、成熟、谦虚、热情、富有责任感的人，这样不仅有助于自我人格的完善，也能够实现人与人之间良好的沟通和交流，从而形成正常的人际交往关系。如果想要强化个体魅力，需要对自身的个性品质进行培育和优化，充分展现自我优秀的一面，积极主动地解决人际交往中存在的各种不良情绪，避免各种形式的心理问题对人际关系造成严重的损害。另外，要提升自我人际交往的能力，待人真诚热情，积极与他人合作，注重自己的仪态仪表，以此提高人际吸引力，培育具有个人魅力的气质和风度。

（2）构建人际交往平台，加强心理健康教育。人际交往平台的建立为形成良好的人际关系提供了便利条件，满足了人们对人际交往的迫切需求。首先，可以参加多种形式的交往活动，例如，丰富多彩的娱乐中心、文化中心、体育中心的活动，赋予人际交往新的内容、新的形式，为人际交流创造机会，以此扩大和延伸人际交往的范围。其次，可以参加多种类型的实践活动，在实践中形成和谐的人际关系，主要包括文体活动、科技活动、志愿者活动、社团活动以及其他的社会实践活动。通过这些实践活动，可以提高自身的实践能力，也可以结识一些志同道合的人，为人际关系的形成和培育奠定了良好的基础。最后，需要加强心理健康教育，当遇到心理压力时，可以去进行有针对性的心理咨询服务，避免人际交往障碍对人际关系的建立产生消极的影响作用。

综上所述，人际关系成为个体参与、适应社会活动的重要影响因素，只有具备良好人际关系的个体才能在社会活动中获得诸多益处，加强和引导人们培养积极、和谐的人际关系具有重要意义。

第四节　心理压力的管理策略分析

“当我们遇到个人心理失衡、情绪失调等问题时，可以通过学习压力管理策略并运用相应的方法进行自我调适和自我心理疏导，使自己保持健康的心理状态，创造美好生活”。[①] 心理压力的管理可以从以下方面着手。

一、锻炼身体，为压力管理奠定基础

经常运动，锻炼身体，不仅是强身健体的方式，更是轻度抑郁症非常重要的治疗方案。当人们处于稍微有点压力的状态下，或者本来就处于健康状态时，锻炼带给我们良好的效应。如果能够坚持每星期三天、每天半小时的锻炼，那么锻炼效能可以抵得上目前所研发的最好的抗抑郁、抗焦虑药物（当然，疾病状态除外）。所以一定要意识到锻炼身体的重要性，一定要养成经常锻炼身体的好习惯，这样能够更好地开展自我压力管理。习惯是在坚持中养成的，一个行为坚持二十天时间，习惯就养成了。一个人如果能够把好的行为不断重复去做，就会逐渐转化成为一种好的习惯；一个好的习惯不断反复强化，就会成

① 西英俊．心理压力管理策略与方法［J］．领导科学论坛，2017，（10）：63.

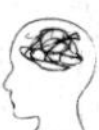

为一个人的好的品质；而一个人有了好的品质，就会实现好的生活状态。这是行为心理学一个简单朴素的理念，在现实生活中是最可行的，坚持运动锻炼身体，是心理压力管理的重要策略，值得人们重视。

二、构建工作情境中的压力管理策略

"工作压力是由于工作环境和个体特征交互作用的影响而使个体产生生理上和心理上的反应"。[①] "每个职场人士或多或少都面临着重重压力，这些压力有些来自内心深处，而有些则来自外部环境"。[②] 以工作环境为例，很多心理压力往往来自工作情境，每个人实际上都应该构建工作情境中的压力管理策略，可以从以下方面着手。

第一，掌控工作节奏，就是我们要把握工作的轻重缓急。工作中往往有一些人总是觉得自己有做不完的工作，处于很慌张、压力很大的状态。但是相同的工作，可能其他人却能做得面面俱到、井井有条。这是由于二者对于工作节奏的掌控感不一样。一个人如果对工作既树立长远目标，整体规划，又设置近期目标、日常计划，那么其工作就能够与单位全局匹配起来，也就少了很多的压力，而且每做一件事情都有自我的成长和沉淀。所以掌控工作节奏，是特别需要自我觉察的。

第二，把握工作心态，这就是要平衡好工作目标与工作过程之间的关系。实际上，每个人都会设定一些目标，希望都能顺利实现，可是并不是事事一帆风顺。如果否定失败的意义，实际上就是否定了成长。要接受自己的不足，一个人只有在接受自己不足的时候，才能够更加长久的进步。如果一个人总是在追求所谓卓越，不能接受失败，实际上他就已经停滞不前了。只有把工作和人生的目标、过程有机结合、平衡起来，工作才会更加有效地开展。

第三，提升工作境界。马斯洛的需求层次理论认为，人的心理需求是有层次的，是需要逐级满足的。第一层级为生理需求，是最基本的心理需求，人只有满足了最基本的需要，才能够产生第二层级的需求——安全需求；当安全需求得以满足以后，又开始追求更高层级的需求——归属和爱的需求；然后依次是尊重的需求、自我实现的需求。但是，如果想要在工作中保持一个愉悦的心态，有时需要把自己最基本的需求定位到超越金钱和生理满足的层次上，追求自我实现。当这么去思考的时候，工作就更容易进入状态，也就更有动力了。

三、压力管理的心理学技巧及策略

认知心理学理论认为，每个人的情绪和行为反映不是取决于外部事物，而是取决于我

---

① 华艺．企业压力管理浅谈［J］．中国商贸，2010（17）：81.

② 张其春．自我压力管理八法［J］．企业管理，2010（1）：87.

们对这个事物的看法。实际上，万事万物没有绝对的好或不好，没有任何人是完美无缺的，也没有任何人是一无是处的，每一个人、每一件事情都要一分为二地来看，都有两面性。对一个事情的判断，往往取决于我们的心情或压力感受，这就需要我们调整自己的思维和心情。如果对一个事情总是有抱怨，或者对一些人总有看法，那么就要去看它的另一面，它的另一面一定会有，只是由于我们没有发现。所以，每个人也要有这样一种智慧，要善于发现别人的优点，去全面、综合、客观地看待每一个人、每一件事。人都是有智慧的，可以通过积极的自我认知，影响和改变生活。积极的自我暗示，能够影响我们的潜意识。在心理学上，潜意识的智慧越来越被重视，应该经常地跟自己的身体对话，学会运用潜意识，让自己处于更好的生活状态。

人际关系是一把双刃剑，既可能成为一个制造心理压力的压力源，又是一个处理和解决心理压力的避风港。很多的心理压力都是起于人与人之间的矛盾，包括同事之间、上下级之间的矛盾，等等。如果遇到问题，积极与知心的朋友交流倾诉，心理压力就可以得到有效化解。每个人实际上都在不同程度受到一些负性事件影响，都在生活的过程中不断解决问题。这是心理学一直提倡的一般化的原则，就是大家都一样。所以人际交流是非常重要的。

我们需要有高质量的人际关系。高质量人际关系需要真诚、感恩和爱。真诚就是在跟别人建立关系、分享故事的时候，敢于表达自己的真实情况。心理学认为，如果一个人能够坦荡地呈现真实的自我，那才是真正有力量的人。一个缺乏自我力量的人反而会过度包裹自己，防御外界，小心翼翼不让别人觉察自己内心到底是怎么想的，这反而会让他没有办法排遣和解决他的困难和问题。我们要成为一个真正有力量的人，不要怕寻求别人帮助。每个人都有某种很大的心理压力，都需要别人帮助，需要大家一起来支撑。

感恩就是感谢在人生道路、事业发展道路上给予帮助、启发的人，全面而辩证地看，还包括那些在人生道路上给以困难、阻碍、批评、指责的人。从另一个角度来看，困难、阻碍、批评、指责往往对我们的帮助更大。为了改变别人对我们造成的不公平，克服别人制造的困难，我们才会变压力为动力，使自己本领日益提高，内心更加强大。

爱是人类最善良、最利他的一种人格品质，每个人都有利他的精神，而且这种品质是不受外在影响的。爱是人们内在最稳定的、最善良、最利他的一种人格品质。在日常生活人际关系中，对待朋友，对待家人，应该稳定地呈现出自己善良的那一面，这才叫真正的爱，这种爱才能够真正缓解我们的压力，而不受制于别人带给我们的压力。在人际关系层面，提高情绪管理控制能力也是很重要的方面，通俗而言，就是提升情商。情商体现在一个人对情绪的觉察、识别、理解和表达上。每个人可能都会收到来自家人、朋友、同事、领导的负性信息，这时要多去体会对方的状态，体察对方是怎样的情绪体验，理解对方的

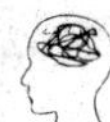

内心感受，才能真正有改变对方内心想法的行动和言语。因此在人际关系方面，我们要注重对情绪的自我管理。

总而言之，我们要构建起一种健康的人生模式，就要坚持经常锻炼身体，让自己有强健的体魄，要在工作中找到成就感和价值感，要形成和谐的人际关系，要不断锤炼我们的人格品质，在精神境界上获得发展与飞跃，要培养丰富的情感，建立合理的人生态度，形成成熟的应对方式，共同构建美好生活。

第三章　心理压力的评估与心理咨询

第一节　心理压力的评估内容

经过科学有效的心理评估来探讨心理压力反应的发生规律，并在此基础上制定切实可行的调控措施，对维护群体与自身心理健康，保证良好的生活品质具有重要的意义。心理过程（认识、情感和意志）和人格这些心理现象，都可用一些方法来做客观的描述，这些方法包括观察晤谈和心理测查等，其中每一种都可单独也可综合用作描述心理现象的手段。在运用多种手段从各个方面所获得的信息来对某一心理现象做全面、系统和深入的客观描述时，便称为心理评估。心理评估是应用多种方法获得的信息，按照一定的标准，对这些资料、信息做价值判断，对个体心理和行为所进行的评价的过程。

"有效地评估心理压力，一直是心理压力研究中的热点问题"①，有效的心理评估可以判断个体面对压力时的不当认知、策略，协助其认识或判断独自难以应付的情境和变化。通过实时评估可以及早发现个体的心理问题，继而提供及时的心理干预，提高人们面临突发事件时的应对水平，防止或降低各种身心残障的发生。"对心理压力的客观评估，可以及时提供针对性的心理干预，提高人们的抗压能力和心理健康水平"。②

一、心理压力的评估要点

"适当的心理压力能够增强人们的工作效率，但是长期、慢性的心理压力会对人们的生活造成不良影响，甚至威胁人们的身心健康"。③ 心理压力的产生不是单一的因素，心理压力的评估要点如下：

---

① 李昕，张云鹏，李红红，等. 针对个体差异的心理压力评估［J］. 中国生物医学工程学报，2014，33（1）：45.

② 高存友，任秋生，甘景梨. 心理压力与调控［M］. 北京：九州出版社，2018：64.

③ 李昕，杨亚丹，侯永捷. 心理压力评估方法及应用［J］. 生物医学工程学杂志，2015，32（4）：929.

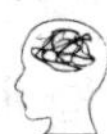

（一）心理压力的来源评估

具有威胁性或伤害性并因此带来压力感受的事件或环境可以被称为压力源。生活中的压力源可能存在于人们自身，也可能存在于环境中。心理学把造成压力的各种生活事件进行分析，提出生理的、心理的、社会的、文化的和时间的五大类压力源。当压力源具有以下三个特征时，就容易产生压力感。一是不可控性：一个人越是觉得一件事无法控制，就越有可能将此事件视为压力。例如，交通事故、失业等，这些事件之所以会给我们造成压力，是因为我们不能控制它们，也没有办法防止它们的发生。二是不确定性：确定性是能预见事情的未来发展而言的。能够预期压力事件的发生，即使个体无法控制时，也常常能降低压力的程度。一些严重的疾病因为治疗结果的无法确定，常常给病人及其家属带来很大的压力。三是挑战极限：一些事件在很大程度上是可以控制或预期的，但仍可能带来巨大压力。因为有些事件即使个体投入全力也难以应对，接近或超越了一个应对极限，包括能力的、知识的或是体力的极限。

（二）心理认知评价的评估

人面对不同的压力源感知反应不同，不同的人面对同一种压力源感知反应也会不同，主要与个体的认知评价系统有关，个体对压力源的评价不同产生的压力感知也就不同，带来的心理反应也不一样。存在认知失真的个体更容易在压力下产生心理问题甚至精神疾病，因此在评估过程中要特别注意个体认知评价系统的差异性。

（三）心理压力应对的评估

压力应对是当压力对我们可能造成伤害时，用一些方法与技巧去应对，以减轻压力带来的消极影响。压力应对方式的正确与否非常重要，有效的压力应对不但可以减少因压力导致的不良心理反应，而且能够化压力为动力，提高工作绩效。在压力评估过程中要分析压力应对方式，帮助个体判断自己应对方式正确与否，并建立正确的应对方式。如为减轻压力导致的紧张、焦虑，人们可以采用与家人聊天、散步等方式转移其思想和注意力。

（四）心理压力两面性评估

从结果来看，压力并非都是有害的，适当的压力有助于提高机体的适应能力，是一切生命生存和发展的需要。不要认为压力只有不良影响，应多去开发压力的有利因素。适当的压力并非坏事，若压力调控得当，会转化为动力，不仅能减少疾病的发生，使自己活得更有意义，还能驱使我们去挑战自己的能力，激发个人潜能。所以在压力评估时一定要注意到压力的两面性，对评估对象进行科学分析，从而引导他们正确认识压力。

二、情绪状态的科学评估

情绪状态对人们日常生活和工作的影响尤为明显，正性情绪可以增加人们行动的主动性，提高工作效率，负性情绪不但削弱人们的工作能力，对家庭结构的稳定与家庭幸福也产生明显的影响。因此，对个体情绪的科学评估对心理压力评估工作的顺利开展具有重要意义。情绪状态评估过程需要注意以下方面：

第一，用心体会情感。个人的情绪感受可以直截了当地用口头言语方式表达出来，评估者容易分析和判断求助者的情绪状态。但很多时候求助者不方便或羞于表达自己的真实情感，这时评估者就要用心体会求助者的情绪变化，判断其真实的情感反应。这期间心理评估者要用真诚的态度逐渐感化求助者，拉近关系获得信任，从而进一步对其情绪反应进行客观的评估。

第二，仔细观察行为。人在产生各种情绪时，面部表情、体态表情和言语表情等外部表情动作都会产生相应的变化，评估者可以通过评估对象的表情变化来了解其情绪特点。例如，高兴时常表现为笑容满面；悲伤时，唉声叹气等。

第三，注意生理变化。呼吸频率、心率、血压、皮肤的颜色和温度、食欲及睡眠状态等生理指标都可以随着情绪的改变而发生变化。紧张时，呼吸加快和短促，皮肤苍白；愤怒时，面色变红；焦虑和恐惧时多汗；悲伤时，食欲减退等。

第四，行为动机分析。情绪具有驱使个体从事某项活动的作用，一般人的行为动作在无形中会受到情绪的影响，分析其行为动机，可以了解情绪状态。在出现喜爱的情绪时，人们想靠近、想拥有；出现不愉快的情绪时，一般人都想加以去除或减少。

三、心理评估的质量控制

心理压力的评估技术现在已经在科研、教学、人才选拔、职业指导、升学指导、体育、临床医学和司法鉴定等各个领域被广泛应用。为了使心理压力的评估技术得到正确运用，凡从事心理评估工作的人员都必须采取严肃、认真和审慎的态度。心理压力评估的质量控制需要注意以下方面：

（一）心理评估人员

心理压力的评估是心理学的重要组成部分，只有合格的专业人员实施这项技术才能发挥其应有的效能。心理压力的评估人员包括专业技术人员和测验操作人员，均须接受严格的心理评估技能培训。

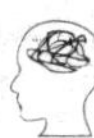

1. 心理评估人员需具备的条件

（1）具有心理学、医学或相关学科的本科以上学历。

（2）在具体实践中还应具有相关学科的知识，尤其是脑科学的知识。

（3）参加过心理评估专业委员会或国家部委认可的心理评估技术培训班的专门培训，取得相应的资格证书，对某些复杂的测验（如智力成套测验、洛夏测验、神经心理成套测验等）尚需取得该项技术的单项证书。

（4）对心理测量理论具有较全面的了解，并有两年以上使用多种心理评估技术的经验。

（5）能够正确指导测验操作人员实施心理评估操作技术。

2. 测验操作人员需具备的条件

测验操作人员必须在专业技术人员指导下使用心理评估技术，同时须具备以下条件：

（1）具有医学、心理学或相关专业的中等专科以上学历。

（2）具有与人交往的技巧，对人类行为有基本的了解。

（3）参加过心理评估专业委员会或国家部委认可的心理评估培训班的培训，取得相应的资格证书。

（4）在专业技术人员指导下，具有两年以上从事多种心理评估技术操作的经验。

（5）能向心理评估专业技术人员提供准确的测验结果及有关资料。

3. 心理评估人员的重要责任

心理评估人员应保证能遵守职业道德和心理评估质控，并且既往没有违反心理评估人员道德准则的记录。测验操作人员负责向专业技术人员提交测验结果及报告，但没有解释权，其签名的报告不具有法律上的权威性；专业技术人员签名的报告才具备法律效力，并应承担法律责任。对于违反心理评估质量控制规定和职业道德者，心理评估专业委员会在掌握确凿证据后，有权对其进行书面警告、公开点名批评和取消其从事心理测验的资格。

（二）心理评估器材

心理评估的器材包括评估的指导书（手册）、工具、问卷、图片、记录纸、剖析图、计算机软件等材料。心理评估器材需要注意以下内容：

（1）标准化的心理评估器材应注册登记，以便心理评估器材的统一管理，防止滥用造成不良影响。

（2）心理评估器材的制作和向外提供，权利属于本测验和量表的编制者或委托单位，其他单位或个人未得编制者或委托单位的许可不得复制、生产或转卖，违者按国家的知识产权法、版权法和专利法规定，对侵权行为追究其法律责任。

（3）心理评估器材只能由具有心理评估资格的人员使用和保管，其他人不得获取心理评估器材，任何心理评估人员有责任保管好心理评估器材并注意保密。

（4）对心理评估器材使用与保管不善的个人，单位有权进行一定的处罚。

（5）非标准化的心理评估器材不得在任何公开印刷品上做全文或部分刊发。

（三）其他注意事项

为保证心理评估的科学有效性，在心理压力评估过程中有一些事项是必须注意的，具体如下：

第一，被用作诊断或对个体评价、鉴定的心理评估量表必须是经严格科学审定的标准化量表，有正规的指导书（手册），合乎规定的信度、效度、常模、记分方法、实施程序及结果解释方式等。

第二，心理评估人员使用心理评估量表之前，必须熟悉和掌握该量表的内容、特性、应用范围及实施方法，并能准确解释。

第三，心理评估量表被用作诊断或对个体评价、鉴定等重要决策的参考依据时不能只简单报告评分分数，必须详细分析，正确描述，科学地解释，并认真书写报告，以免造成误解或不良的后果和影响。

第四，心理评估使用的记录书面报告的底稿及有关其他资料均须妥善保存备查，不得随意泄漏或让无关人员翻阅。

第五，可以基于智能手机感知数据评估心理压力。“随着智能手机的快速普及，通过手机中内置的位置、声音、加速度等多种传感器感知用户的行为习惯，并基于感知数据评估用户心理压力成为一种低成本、低侵扰的心理压力评估手段”。[①]

四、心理压力测试的问卷

以下是一份心理压力测试问卷，以便于研究者使用和读者自测。

指导语：你的压力有多少？程度如何？您可以以这份《压力指数评分表》（表3-1）来作为一个评估标准。以下这些问题，可以初步了解您的压力指数，请回想最近这一个月（或一直持续）以来，是否有以下情形，然后再参考最后的压力指数分析：（否定：0分，肯定：1分）

---

① 王丰，王亚沙，王江涛，等. 基于智能手机感知数据的心理压力评估方法［J］. 计算机研究与发展，2019，56（3）：611.

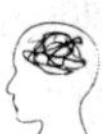

表 3-1 压力指数评分表

序号	问题	分数
1	比以前更容易觉得头晕、脑袋昏沉	
2	眼睛比以前更容易疲劳、视力模糊	
3	有时会鼻塞，有时鼻子怪怪的	
4	常感觉站起来时会头晕，而且还会瞬间头晕眼花，站不稳	
5	有时会耳鸣，但以前并没有此情形	
6	火气大（嘴破、长痘子）的情形比以前更容易发生	
7	经常喉咙痛或干涩	
8	常感冒，而且不容易好，感觉抵抗力变差了	
9	舌头经常长白色舌苔，但以前并不会	
10	以前喜欢吃的东西，现在并不觉得那么想吃，对食物的喜好逐渐改变	
11	觉得胃里的食物没有被消化，常觉得胃怪怪的	
12	肚子发胀、疼痛及比以前更常出现腹泻便秘交替出现的情形	
13	肩、颈、背部和腰部常感到疼痛或僵硬	
14	比以前更容易疲劳，而且疲劳好像不太能消除	
15	体重下降，有时会没有食欲，或反之，无食欲性的暴饮暴食	
16	稍微做点事就立刻感到疲惫或情绪烦躁	
17	有时早上起床时仍觉得精神差，好像没睡饱	
18	觉得身体生病了，却检查不出原因	
19	对工作提不起劲，注意力也无法集中	
20	跟以前比起来，夜里难以入睡	
21	常常做梦，但以前并不会	
22	半夜常会醒过来，然后就不容易睡着了	
23	常会突然觉得喘不过气来，好像缺氧快死了一样	
24	有时会有心悸的症状，以前并不会	
25	有时觉得胸口好像被勒紧般疼痛或闷闷的	
26	容易为一点小事就生气，觉得烦躁不安	
27	容易迁怒到跟自己亲近的亲友身上	
28	手脚常觉得冰冷，以前不太会有这种情形	
29	容易流汗，尤其是手掌及腋下	
30	大家觉得好笑的事，自己却觉得笑不出来	
31	不太想与人接触，觉得麻烦，情愿一个人待在家，但以前并不会	

第一，计分方式（每题1分）：

0~5分，正常；

6~10分，轻度压力：建议改变心情，维持正常生活作息；

11~20分，中度压力：找医生或咨询师减压，设法减轻身心的症状；

21~31分，强度压力：身心状况有危险，请尽快找专科医师等专业人士协助。

第二，试卷评分详细解析：

0~5分：你平时应该很快乐，不仅感觉自在舒服，也不会有困扰自己的想法，身体状况也维持得还不错。想必你是个很知道如何调节自己压力的人。

6~10分：建议你改变心情，维持正常生活作息。最近的你在生活上有些令你感到压力的事情！虽然是小小的事情，不过好像有一点点让你感受到小小的情绪紧张！不过没太大的关系，现代的人有轻度的焦虑是很正常的。你只要多关心一下自己的身体和你在意的事情，想想有什么方法可以解决问题，或找你的朋友谈谈你的状况，相信你可以慢慢让自己感觉舒服。

11~18分：最近的你是不是生活上有些令你感到有压力的事情，让你感到有点喘不过气来？那种压力虽然还不是太重，可是似乎开始影响你现在的生活。建议你找朋友聊聊天，或者找时间去户外走走，或做些让自己放松快乐的事……总之，适当地照顾自己，纾解一下自己的生活压力。这样才不会更严重地影响到你，让你身心受到更大的煎熬。

19~23分：现在的你可能会觉得全身都不太对劲，蛮紧绷的感觉。这样的状况如果只出现在最近这几天还好，如果已经持续了好几个月了，也许你可以到心理咨询中心与辅导老师谈谈，或看一些自助的书籍。通过他们的帮忙，你可以重新舒服自在地生活。

24~31分：最近的你，可能会觉得心情非常烦躁，常常心跳很快、注意力不集中，也可能觉得睡眠不安稳，难以入睡，或容易口干舌燥、疲累、非常不安。如果类似情况有许多次同时发生在你身上，而且好几个月了，那么你真的非常需要找医生帮你缓解焦虑状态。吃些药也许可以缓和生理上的不舒适；同时如果能与心理咨询中心的辅导老师谈谈，也许你将不会觉得无助。

第二节　心理压力的咨询技巧

心理压力的咨询可以通过会谈和人际沟通来实现，如何建立良好的咨询员和来访者的关系，进行倾听和询问，仔细观察和分析，以及如何发现来访者的阻抗并学会运用心理学的方法和技巧来处理阻抗，进而协助当事人解决自己的心理问题，是心理压力咨询需要重

 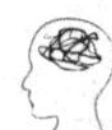

视的问题。

一、良好咨访关系的建立

“心理咨询是为全体社会公众在日常生活中可能面临的一般或严重心理问题而提供的专业干预与帮助”①，其中“咨访关系是贯穿心理咨询始终的重要内容。良好的咨访关系不仅能给当事人提供一种安全感、温暖感，同时也能促进当事人对咨询员的信任，减少其防御心理，使其认真地进行自我探索，进而增强自尊心和自信心。因此，良好的咨访关系是心理咨询能否顺利进行的重要保证”②。

在良好咨访关系的建立过程中，心理咨询员的态度和咨询技巧往往起着主导作用。良好咨访关系建立的基本条件是咨询员对当事人的认同感、尊重和真诚。此外，具体化、即时化和对质等技术也是影响咨访关系的重要因素。心理咨询员只有自觉地、有意识地运用有关原理和技术，才能使咨访关系得以顺利地建立和发展。

（一）咨访关系的初步建立

第一，寒暄。咨询之初，咨询员可以通过和来访者握手、亲切询问其名字以及热情的问候和简单的寒暄等来减轻来访者的紧张情绪，同时给来访者留下良好的印象。

第二，询问。咨询员可以先询问来访者的目的或来访者遇到的困惑，让对方倾诉，也可以用来访者感兴趣的话题来引起共鸣。咨询员要注意提问的技巧，尽量用开放性的语句提问。例如，用含有“什么”“为什么”“怎么样”“能不能”这样的句子来提问，以给予来访者较大的回答空间。但不论采取哪种方式进行询问，咨询员一定要注意语气的柔和。

第三，构成咨询场面。场面构成是咨询初期所要达成的。所谓场面构成，就是让来访者明确咨询的目的、原则和任务，明白自己在咨询中要做哪些的工作，可以期待的部分，明确双方的角色、责任等。在咨询初期把这些问题加以说明，有利于咨询过程的顺利进行。

当然，场面构成也要自然，需要咨询员掌握一定的技术。场面构成技术也称结构化技术，是咨询员就咨询过程的本质、目标、原则、自身的角色与限制、来访者的角色与责任等作出恰当说明的一种技术，具体而言，包括四方面的内容：一是说明心理咨询的性质；二是说明心理咨询的保密性原则；三是说明咨询员的角色和限制；四是说明来访者的角色和责任。

---

① 王恩界，周展锋．心理咨询效果影响因素的研究现状与展望［J］．中国全科医学，2017，20（1）：109.

② 李智慧．心理咨询的理论与方法［M］．北京：北京理工大学出版社，2019：16.

第四，自然的态度与坐姿。咨询室的环境布置要温馨而宁静，沙发要比较舒适，咨询员的坐姿要自然、放松，使来访者有安全感。一般而言，咨询员和来访者的座位不是面对面的，而是成直角，两者的空间距离大约一臂之隔，这样既能听清来访者的讲话，又不至于导致来访者的拘谨。

（二）咨访关系的深入建立

“积极心理学认为，心理咨询的目标除了解决心理问题之外，还应包括积极情感和幸福能力的形成，而这方面心理品质的形成依赖于人自身所蕴含的积极潜能”。① 咨询员主要通过真诚的关怀、接纳的态度、准确的反映和设身处地的同感来与来访者建立彼此信任和深化的关系，具体包括以下方面：

1. 接纳与反映

接纳就是在正式开始话题后，咨询员要神情专注，对来访者谈话的内容要不带价值评判地用“嗯”“请接着说”之类的短句进行鼓励。接纳是对来访者的宽容和积极关怀。当来访者对自己的有关问题和处境进行陈述时，咨询员要像一面“会说话的镜子”，不时地用略微不同于来访者的词汇“接话茬”，或进行简单的附和、评述、提问，将来访者话语之下那些没有表达出来的情感、态度或思想点明或者映照出来；或者将对方以第三人称表达的情感态度或思想逐渐引回其自身，使其用第一人称进行陈述。这样的做法就是情感反映的技术。

2. 同感

同感是在咨询过程中，咨询员不但要有能力正确地了解当事人的感受和那些感受的意义，同时还要将这种了解准确地传达给对方，从而促使当事人对自己的感受和经验有更深的察觉和认识。可见，同感包含两方面的内容：一是充分理解；二是准确传达。

对当事人的充分理解，体现在咨询员不仅要反映当事人说话的内容，还要反映当事人言语中所隐含的情感和内心的矛盾冲突。有学者根据咨询员对当事人反映情况的不同，将同感分为四个等级：第一级：咨询员未察觉到对方的感受，不了解对方。第二级：咨询员稍微了解对方，但了解得不够，仍少了一些。第三级：咨询员与对方有相同的感觉，能表达相同的意思，并进行双向沟通。第四级：咨询员不仅能体会对方的意思，反映对方的情绪，更能深入、准确地表达对方的感觉、意思。同感程度的高低，不仅反映咨询员本身的专业水平，而且直接影响当事人对咨询员的信任程度，影响咨访关系的建立和发展。充分

---

① 李永慧. 积极心理治疗对心理咨询工作的启示［J］. 思想理论教育（上半月综合版），2010（1）：79.

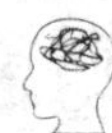

的同感可以从以下方面着手：

（1）咨询员要暂时放下自己的参照标准，将自己放在当事人的地位和处境中，尝试感受他的喜怒哀乐，经历他所面对的压力，并体会他作出此种决定和行为的原因，即咨询员要设身处地去了解当事人的思想、情感和行为，而不是站在自己的立场去主观猜测。作为咨询员，要真正放下自己的参照标准，需要经常自我检查。

（2）咨询员要善于观察，善于从当事人各种表情的线索中增进同感的准确性。人的表情包括言语性和非言语性两类，咨询员可以从三个方面进行观察：第一，倾听当事人的语言；第二，留意当事人语调的缓急高低；第三，通过当事人的非言语行为，如面部表情、眼神、手部动作和坐姿等方面来了解当事人。咨询员若能在日常生活中也进行观察的训练，在不同环境中操练自己的敏感度和观察能力，那么就可以通过观察、了解来增进咨询中的同感。

（3）咨询员要有丰富的词汇储备和准确的表达能力，以便将自己对当事人的充分理解反馈给当事人。咨询员对当事人的充分理解，需要通过语言表达出来。如果咨询员本身词汇贫乏，语言表达能力不强，那么，即使对当事人的问题有深入的体察，却也苦于词不达意或感应不当而影响共鸣感，令当事人感到不被了解，进而影响咨询的进程和深度。因此，作为咨询员，需要不断丰富自身的语言词汇，做到用准确的语言表达自己的意见，这样才能有效地开展咨询。

3. 尊重

尊重就是咨询员对来访者的接纳态度，在咨询过程中，咨询员要接受对方，能忍受对方不同的观点、习惯等。尊重是无条件的，是整体的接纳，不仅包括他的长处，甚至包括他的缺点和短处。在咨询过程中，想要做到较好地接纳当事人，可以从以下方面着手：

第一，咨询员要明确尊重的重要性。要经常自我反省，检查自己是否能宽容地接纳他人的人生态度。有的咨询员认为：凡是来访者都有求于己，因而自视甚高，以为自己有专业知识，对方有弱点，可以不尊重他人。其实这种想法是很不正确的。作为人类的一员，每个人都是平等的，况且来访者带着问题前来咨询，当他暴露了自身问题，本身就处于易受伤害的地位，此时肯定会变得异常敏感。因此，咨询员绝不应该轻视对方。更何况心理咨询的目的就是要帮助来访者自我成长。所以，接纳的态度是每个咨询员所必需的。

第二，对待当事人，着眼点应放在“人”上，而不是“他是怎样的人”。咨询员应该经常这样提醒自己：“他能坐在咨询室，就说明他尊重我的专业身份，同时希望改善自我。基于这一点，我就应该尊重他，接纳他这个人，包括他的缺点与错误。”

第三，通过关注聆听的行为和非批评性的语言来表达对当事人的尊重。关注聆听，主要是咨询员要全神贯注地留意当事人的一言一行。在这个过程中，咨询员的眼睛要注视当事人，要有视线上的接触，要责无旁贷、专心地聆听当事人说话。关注聆听既有助于咨询员充分了解当事人，同时也是咨询员用身体语言来体现自己对当事人的尊重态度。

此外，咨询员在说话时，要注意避免使用批评性语言，因为批评性语言表现出对当事人的不接纳态度。有时，批评性语言还会令咨询员只在意表达自己的不满情绪，而忽略对当事人关键问题的关注。

4. 真诚

真诚是在咨询过程中，咨询员应该以“真正的我”出现，而不是让自己隐藏在专业身份的后面扮演十全十美的咨询员角色。咨询员应该很开放、很自然、很真诚地投入咨询过程中。具体而言，真诚的表现就是咨询员开诚布公地与来访者交谈，直截了当地表达自己的想法，而不是让来访者去猜测自己谈话中的真实含义，或去想象自己所说的是否还提供了其他信息；咨询员清楚自己的价值观和人生信念，在咨询中应该心口一致、言行一致，咨询的取向不与自己的价值观和信念相违背；咨询员应该自由地表达自我，不害怕暴露自己的短处，不戴面具，大方自然。

真诚对于咨访关系是非常重要的，因为咨询员的真诚不仅给当事人一种安全感，而且为当事人提供了一个榜样。看着咨询员的真诚开放，当事人也会慢慢摘下自己的面具，诚实地面对自己，表达自我。同时，咨询员的真诚表达，也有助于当事人正确地认识自我。真诚是一种人生态度。作为咨询员，在咨询过程中做到真诚以待，可以从以下方面着手：

（1）咨询员可以通过自我反思下列问题来明确自己在真诚方面有待提高的原因：“为什么我与他人如此疏远？为何他不能坦然地自我表达，而要有所隐瞒？为什么我和当事人之间总要保持一定的距离，而不能全身心地投入？”

（2）咨询员对自己要有正确的评价，能较好地接纳自我，有自信心。不少咨询员对自己要求过高，要求自己十全十美，或害怕当事人发现自己的短处，有失面子，于是就努力隐藏和伪装自己。这样不仅使自己感到紧张，也令当事人感到困扰，难以真诚地表达自我。咨询员的开放和自然则是预防浪费精力的好方法。

（3）咨询员要明确真诚不等于任何事情都可以随意说出来。面对当事人，自己的言行必须是有助于当事人成长的，不能把真诚简单理解为实话实说。对于一些可能会伤害当事人的话，不必说出来。事实上，在咨询过程中需要的是具有治疗功能的真诚，而不是破坏性的真诚。

总的而言，真诚是成功咨询的关键因素之一，但真诚不是强求的，而是在咨询过程中的一种自然表现。另外，真诚也是对当事人有一种真实而可靠的关心和爱护。

 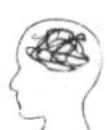

（三）咨访关系建立的其他条件

1. 咨询的具体化

具体化是在咨询过程中，咨询员要找出事物的特殊性、事物的具体细节，使重要的具体的事实及情感得以澄清。来访者前来咨询时，常常说不清他所要表达的事情和情绪。他们的言语有时会含混不清，有时又太过笼统、抽象，咨询员此时的任务就是要搞清楚对方所要表达的真正意图和他的问题所在。

在咨询中，许多会谈都可能涉及寻找特别的事情或具体的情况。咨询员通常会借用这个开放性的问题“你能给我举一个具体的例子吗?”来使问题得以具体化。对于一些说话含混不清、思维紊乱的当事人，咨询员也需要给予具体化的整理，例如，从具体的时间、具体的环境、具体的感受、具体的行为反应和具体的期望等方面去帮助当事人厘清头绪、澄清问题。

2. 咨询的即时化

许多来访者可能会花很长时间来描述他们过去的经历以及对将来可能出现的情况的设想。即时化的一个内容就是咨询员要帮助来访者注意“此时此地”的情况，从而协助当事人明确自己现在的需要和感受。即时化有助于避免当事人过多地陷入过去不愉快的回忆中，正视现实，正视目前的问题，进而寻求自我调节的途径与方法。即时化的另一个内容就是咨询员能够时刻注意自己和来访者的关系，观察来访者的言谈举止，及时抓住必要的信息并给予反馈。咨询员的即时化反馈有助于促进当事人的自我感觉和自我认识，也有助于咨访关系的协调融洽。

3. 合理运用对质

所谓对质是咨询员利用来访者呈现出来的情感和思想作为材料，提醒来访者注意暗含的但没有意识到或已经意识到，但不愿承认的情感和思想。对质是咨询员对当事人的感觉、经验与行为深刻了解之后所做的反应。咨询员就当事人言行中的矛盾、口误、前后不一致、掩饰行为、言语与非言语行为的不协调、静默等，通过询问技术，向其发出提问，协助当事人觉察自己的感觉、态度、信念和行为不一致或欠缺协调的地方。

一般而言，当事人常出现三种类型的矛盾：一是当事人的真实自我和理想自我之间的差异；二是当事人的思维、感受与其实际行为之间的差异；三是当事人的想象世界与咨询员所看到的真实世界之间的差异。对当事人的这些矛盾，咨询员在采用对质方式进行询问时，需要注意到以下方面：

（1）对质应该在高度同感的基础上进行，否则，对质就可能是无效的，甚至还会对咨访关系造成破坏性影响。

（2）对质应该是试验性的，即应该以假设的态度、缓和而有弹性的语气来提问。

（3）用投入的态度。咨询员在使用对质的时候，自己最好能投入彼此的咨访关系中，表现出关心和参与，而不要让当事人觉得咨询员处于一种高高在上、超然的地位在对他质询。

（4）用渐进的方法。对质往往会给当事人带来很大的震撼，所以不妨用渐进的方法，从当事人能接受的层次开始，再缓慢导入较深的层次。

总而言之，对质一定要建立在共鸣同感、亲切温暖和关怀的基础上，只有“用爱心作对质”才能避免可能的破坏。

二、心理咨询的会谈技巧

心理咨询的会谈比一般性交流要复杂得多，从功能上看，咨询的会谈不仅仅要交流信息，而且会谈双方还具有特殊距离的人际关系。从作用上看，咨询中的会谈可分为收集材料式会谈、诊断式会谈和心理治疗式会谈。“心理咨询会谈对来访者造成的影响既包括积极的方面，也包括消极的方面”①，为了促进整个心理咨询会谈的良好效果，整个会谈过程要求咨询员和当事人双方都全情投入，而咨询员的会谈技术对咨询过程起着主导作用。

（一）注意倾听的技巧

咨询员对当事人的谈话不仅是听听而已，而且要借助各种技巧，真正听出对方所讲的事实、所体验的情感、所持有的观念等。这种倾听，可以称为“投入的倾听”，它要求咨询员在听的时候，不仅用耳朵去采集信息，而是要全身心地投入，包括肌体、感情和智力的整体投入；不仅要听当事人说出来的，还要解析“弦外之音”，有时还必须听“无声之音”，这样才能达到高度的同感。同时，它要求咨询员善于借助言语的引导来启发、鼓励当事人自我表达，以达到对当事人的问题有广泛、深入的了解。好的倾听本身就是治疗，会直接产生治疗作用。这种特殊的引导就是我们下面要谈的注意倾听的技巧。通常，咨询员所采用的注意倾听的技巧有开放性提问、闭锁性问题和反映的技巧等。

1. 开放性提问技巧

开放性提问是咨询员运用包括“什么”“怎么”“为什么”“能否”等词在内的语句发问，让当事人对有关的问题、事件给予较为详细的反映，这是一种最有用的倾听技术，

---

① 杨家平，张小远．心理咨询中的会谈影响：来访者的视角［J］．医学与哲学，2018，39（6）：26.

 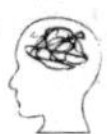

它可以引导当事人讲出更多有关的情况、想法、情绪等。在开放式提问中，每一种问题都可能引出对方较为特殊的反映，使咨询员得到想要了解的有关资料，因为开放性提问往往给当事人的回答以较大的自由度。虽然开放性提问可能会得到不同来访者的千百种不同的答复，但开放性提问的目标始终是趋向于来访者问题的特殊性。通过这类提问，咨询员能获得与当事人问题有关的、全面系统的资料，有助于分析当事人的问题之所在。

咨询员在使用开放性提问时，要注意让当事人充分表达他们的感受和想法，即使有离题现象，也不要责怪或露出不耐烦的神情，可以用提醒的方法来引导他们朝着主要问题的方向来谈。有些问题要注意语气语调的运用，以免咄咄逼人。辩论式、进攻式、语气强调式的发问与共情式、疑问式、语气温和的发问可能在当事人心里产生两种完全不同的印象，前种发问会让当事人认为咨询员有责怪、反对自己之意，后种发问则会被认为咨询员是真心实意地想知道事情的真相、帮助自己。

2. 闭锁性问题技巧

闭锁性问题是咨询员引导当事人用“是”或者“不是”，“有”或者“没有”，“对”或者“不对”等语句来回答问题。闭锁性问题有助于缩小讨论范围、澄清事实和帮助当事人集中注意某个主要问题。应当注意的是，闭锁性问题的采用要适当。闭锁性问题通常在咨询会谈的中后期才采用，而且应用次数不宜多，因为闭锁性问题不能提供较大的自由度给当事人，甚至限制了当事人的思路和自我表达，这样不仅妨碍咨询员对当事人资料的收集和对问题的广泛深入了解，而且可能破坏咨访关系。

3. 及时反映的技巧

在倾听过程中，咨询员除了全情投入和言语直接引导之外，还需要通过对当事人谈话、情感的及时反映，来促进当事人的自我表达。反映的技巧包括以下内容：

（1）鼓励。咨询员在倾听时，不仅要听出对方的观念和感受，还要让对方知道自己在认真地听他讲话。所以，咨询员应该专心地看着当事人，还要不时地用点头、微笑或者简短的词语如“嗯……嗯”，“是这样”或“还有吗?”等来鼓励当事人讲下去。

（2）复述。重复当事人所讲的一些重要的话，也是一种很有效的反映。它可以表明咨询员对当事人所讲内容的重视，也有助于引导谈话向某一方向的纵深部位进行。

（3）情感反映。情感反映是把来访者所表明的感情由咨询员加以把握，并反映给对方。通常在咨询过程中，来访者都有一些负面情绪和内心的冲突，咨询员需要敏锐地觉察，并及时地给予反映。情感反映就像一面“情感镜子”，能让当事人通过这种清晰的反映来了解自己的敌意情绪，从而给他提供一个自觉、自发、自动去改正的机会。

情感反映技巧的使用，关键要看咨询员能否从当事人的身体及语言的线索中体会其真正的情感，并用适当的话表达出来。咨询员也可以从当事人的反映中觉察其效果。如果情感反映正确的话，当事人就会点头或以“对啦，就是这样”的词语回答。当然，情感的反映并不限于言语的反映，还包括非言语方面，如当来访者在谈话中很悲伤时，咨询员可以通过拥抱、握对方的手以及递纸巾给对方等方式来表达对其情感的关注。所以，在咨询过程中，情感的反映是很重要的，它不仅有助于对方对自己情绪的觉察和了解，也体现着咨询过程中的人情味。

（4）摘述。摘述即总结，是指在咨询会谈中，咨询员把当事人所说所讲的事实、信息、情感、行为反应等进行分析、综合，并以概括的形式表述出来。摘述是会谈中咨询员倾听活动的结晶，把当事人的有关资料清理清楚、分门别类，并将其主要问题反馈给当事人。摘述是咨询者每次会谈必用的技巧之一，可以在结束会谈时进行，也可以在会谈中随时运用，只要判定对对方所说的某件事情的有关内容已基本掌握即可运用。

（5）引导和澄清。引导就是咨询员在倾听过程中，针对来访者的问题给予具体化的、紧扣主要线索的询问。引导可以是直接的询问，也可以是间接的引导。使用引导技术时，需要注意：①引导必须是顺着来访者谈话的思路、针对来访者某些重要的信息来引导，切忌随意打断来访者的谈话或随意转换来访者的话题，否则，就是以咨询员为中心，而不是以来访者为中心了。②引导的语句要清晰，能让来访者理解；引导的声音特征也很重要，尤其要注意语音、语调的恰当。③引导要酌情变化。在咨询员和来访者的关系确立前，应避免使用引导技术；当建立初步的信任关系后，使用间接引导比较好；只有在双方比较了解、彼此信任的情况下，才可使用直接引导技术。

有时当事人处在强烈的困扰中，他的言谈与思考常常不够清楚、明确，此时，咨询员就需要采用澄清的技术，将当事人所说的或想说的破碎资料连接起来，或把当事人模糊的、隐含的而且未能明白表达的想法与感觉说出来。澄清的目的可能是为当事人，亦可能是为咨询员自己，总而言之是为了使两人之间的沟通更加顺利、更加深入。不过，在咨询过程中，往往因为双方接触不够深入，咨询员可能亦无法明确了解令当事人困惑不解的思想，所以咨询员在做澄清时应使用弹性的语气，留给当事人肯定或否定的余地。需要提醒的是，澄清与后面讲到的解释不同，咨询员在澄清时仍以来访者的（实情）参考为依据，并没有添加咨询员自己的想法或立场，而解释则加入了咨询员的思考。

（6）沉默。访谈早期由来访者引起的静默可能反映出窘迫、犹豫或阻抗，而在较好的治疗关系建立后出现的静默，可能是极有用的交流方式。这时的来访者可能有流泪、表情木然、发愣等表现，内心却可能正发生着深刻的、激烈的认知和情感过程，例如，回味刚才的访谈内容，考虑是否将其重要的秘密抖出来，酝酿一项重大决定，搜索恰当的表达来辩解一桩让人难堪的事，琢磨怎样“回敬”咨询员的进攻，出于礼貌或“考验”的目的

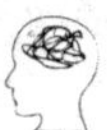

而等待咨询员采取主动行动等。所以，沉默多带有一定的意义，有时是消极的，有时是积极的。当然，也确实有一个话题之后没有马上接上另一个话题的情况，这可能是咨询员这一方真的出现了“枯竭”，还可能是一时决定不了选择几个话题中的哪一个。这样的静默会被对方理解为咨询员经验不足，应设法避免。恰当的幽默玩笑、自我解嘲可以帮助化解。最好是在有督导的情况下，宣布暂停几分钟，与咨询员进行磋商。这时的咨询员可以主动汇报自己的感受和想法，倾听督导员对自己情感、行为的反映。根据以上的判断，咨询员可以决定是要给对方台阶下、尊重其思路，还是迫使其开口，鼓励其进一步表达，抑或转变谈话的方向等。

（二）注意观察的技巧

在咨询会谈中，咨询员除了要倾听当事人的谈话之外，还要注意观察当事人的非言语行为，以协助了解当事人的情绪情感和内心的真实思想。一般而言，非言语行为包括面部表情、躯体行为，如坐姿、身体运动和动作、与声音有关的各种特征和能够观察到的生理反应等。咨询员在咨询会谈中，需要对这些非言语行为给予仔细观察和理解。

1. 面部表情观察

人的面部肌肉和皮肤是富于活动性的，当情绪、情感发生时，总要伴随着一定的表情动作。由于面部表情与人的情绪相关联，因此面部被认为是可确认情绪反应的自然特征中的最重要的部位。在咨询过程中，面部表情所传递的情绪反应信息常常决定着咨询的进程及方向。在咨询过程中，咨询员必须体察来访者面部表情的变化，如紧张或放松、疑惑或领悟、悲伤或平静、抑郁或开怀等，并随时调整咨询的内容与方向。在面部表情中，尤为重要的是目光所传达的信息。如果我们欲从对方寻求反馈，通常会与对方保持密切的目光接触。我们也可以用目光来开放或关闭信息传播的渠道。

在心理压力的咨询中，咨询者应占主导地位，不论自己说话时还是对方讲话时，目光一般都会盯着对方进行观察。如果对方郁郁寡欢，那么，他不看人的时间多于看人的时间；如果对方自认为地位低于咨询员，听讲时投来的目光就要多于自己讲话时。理解目光交流的这些规律性，有助于咨询员更好地与当事人达到同感的了解。在咨询过程中进行目光交流时，需要注意以下方面：

（1）咨询员和当事人的距离要适中。假如咨询员和当事人的距离太近，咨询员的目光就会造成对方的不安，目光接触就难以持续；但两者距离太远又会听不清对方的讲话和难以观察。所以在咨询中，咨询员和当事人之间的距离最好在一个手臂的长度。

（2）咨询员在注视当事人时，要注意目光的柔和性和注视次数的适当性。如果发现当事人对咨询员的目光很敏感，表现出紧张和不安，那么，咨询员就要减少目光注视的次数。此外，咨询员的目光注视要根据具体情况进行调整，必要时可以注视当事人头部下方和脖子部位。通常，咨询员和当事人不宜面对面地坐，这样会导致目光直视，令双方感到不安或尴尬。咨询员和当事人最佳的位置是彼此成直角，这样，咨询员在侧面注视的目光，就不会使当事人感到不安，更容易接受。

（3）在咨询过程中，咨询员要注意当事人视线的转移或中断，并体会这种转移或中断的意义，以真正了解当事人的内心感受和情绪反应。

2. 身体动作观察

除面部表情外，人的全身动作也起着表现和传递感情的作用。身体动作包括手势和身体的姿势。手势除了具有说明、强调、解释或指出某一主题、插入谈话的作用以外，还与身体姿势一起表达人的各种情绪。

在咨询过程中，咨询员要重视当事人的每一个身体动作，有时这些动作似乎是不经意的，但反映了当事人无意识的内心活动。实际上，当事人无意间的体态变动所反映的信息常常比语言更多，在两种系统信息不一致时更是如此。

对于来访者可能有迷惑他人的企图，咨询员可以通过观察对方的非言语行为和言语所传达的信息的一致性来辨别。辨别来访者是否说谎，首先要依赖面部表情的观察；其次是手的动作和腿的表现。面部是受注意最多的部位，而手和脚相对而言则是最差的信息交流部位，因为它们传导时间长，可能出现的变化也少。但也正因为如此，腿部在泄露说谎的信息时反而成为最重要的部位，因为腿部的运动极少，而且也很少有意地移动。如果一个人说谎较为老练，能够控制自己的面部表情，那么，他的腿和脚的动作就成为辨别其说话真伪的关键点了。

3. 声音特征观察

声音特征包括音质、音量、音调和言语节奏的变化等。声音被看作非言语传播，可以表现人的感情状态。如果对伴随着语言一起出现的声音现象进行分析，可以发现声音在反映人的情感方面有以下方面的表现：

（1）声音的强度。声音强度的改变可能会给某个词、整个句子或某段话带来影响，说话声音很大，常常表达了警告或烦恼之情；声音变小、变弱可能说明心情不快或表示失望。

（2）音调的分布。音调的提高常常表示烦恼或警告，而音调的降低则可能表示强调或怀疑。

（3）扩大或压缩音域。这是指对发言中的音调现象通常具有差别的非常明显的夸大或缩小。

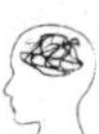

（4）摩擦音和开朗的声音。声音的成分与生理上咽喉器官的肌肉紧张程度有关。人越紧张，摩擦音就越多，越明显；而人们在轻松讲话时声音就会变得流畅和开朗。

（5）慢声慢气和快速的表达方式，也是每个人语言节奏的特征性反应，在咨询过程中应该予以充分注意。

（6）节奏的加速和减慢。与上述的快速和慢速的说话方式不同，这种节奏的快速和慢速特征用于描述人们较长的发言。在许多情景下，说话节奏快表明人烦恼和焦虑的心情，而节奏变慢则可能与不同的情况有关，不像节奏变快那么容易确定。

在咨询会谈过程中，咨询员要注意辨明当事人的声音特征的表现和变化。在上述几种声音成分中，人的声音大小的变化所反映的情绪特征往往可以通过日常生活经验来确认，说话节奏的快慢可能反映了每个人的个性特征。而语调和语速的变化中包含更多的情绪变化，声音的提高表明了人们对所谈事物的看法（如强调、重视）和情绪（如激动、兴奋等）；音调的降低也是这样，可能表明对方主观上意识到所谈的内容与人们的一般看法不一致，或正是说到了使其痛苦忧郁的部分。说话节奏的变快可能表明情绪的激昂与兴奋，而节奏变慢可能说明对方正在进行思考，或要说出某事心理上尚有阻力。咨询员对这些声音成分的具体分析既要结合谈话的内容，又要联系整个会谈的前因后果。非言语行为传递的信息有时并不能马上确认，但只要留心，其中的含意还是可以搞清的。

总而言之，非言语行为通过面部表情、身体运动、声音变换和一些自发的生理反应（如出汗、脸红等），使言语信息如同书面语言加了标点符号那样，变得更加栩栩如生。它们的作用就像是逗号所表示的停顿，句号所表示的完结，感叹号所表示的惊叹，重点符号所表示的强调，令说话者的思想、情感、个性等较为充分地显示出来。因此，咨询员在观察人的非言语行为时一定要多加注意。

（三）影响对方的技巧

咨询过程除了需要良好的咨访关系和较好的倾听、观察技巧外，还需要咨询员更为积极主动地通过自己的专业理论知识和技术、个人的生活经验及对当事人特有的理解来影响对方，促进对方在认知、行为上的改变，进而获得心理上的健康，常用的影响对方的技巧如下：

1. 解释的技巧

解释是咨询员在充分理解当事人的基础上，以自己的观点而言明当事人所述事件的意义，让对方能从新的角度去了解自己的问题。解释是一种重要的影响技术，因为当事人来咨询时，往往是因为有自己解决不了的问题、困难和苦恼，感到难以解决和应付，而这往往是由于他们总是从自己的参照体系出发导致的。解释通过向当事人提供另一个参照体系，帮助他们在认知上作出改变，进而改变不良的情绪和行为。

解释的形式多种多样，但总的来讲有两种：一种是来自各种不同的心理咨询与治疗的理论；另一种则是根据咨询员个人的经验、实践与观察得出的。在前一种解释中，咨询员可依据各种学派的理论对当事人的问题进行解释，或是心理分析理论的解释，或是行为主义学派的解释，或是认知学派的解释，或是人本主义思想的解释等。究竟选择哪一种理论，取决于咨询员本身所相信的理论学派。也有的咨询员根据不同的问题性质，来选择比较能为当事人接受的理论给予解释。无论哪一种解释，在具体应用时咨询员都必须注意以下方面：

（1）解释必须在充分了解当事人问题的基础上进行。咨询员要了解问题的重点，以自己的语言摘要陈述，然后加上自己的看法或解释。据此，解释的时间不宜过早，以免因为对当事人情况的不完全了解而出现解释错误或不准确，影响当事人对咨询员的信任，进而使解释起不到应有的作用。

（2）解释要深入浅出，简明扼要，避免冗长和过多地使用专业术语。有的咨询员在进行解释时，会不自觉地炫耀自己的专业水平，在解释中，一会儿是“潜意识”，一会儿是“心理情结”，令当事人不明所以；或者在解释时反反复复。这些情况都不利于当事人对咨询员解释的理解。

（3）解释要有真实性和合理性，不可用偏激的解释，造成对当事人的伤害。有时，咨询员对当事人的行为不接纳，于是用一些让人恐慌的言语解释，这种做法是不正确的。

（4）解释要尽量采取试探性的保留态度，以便当事人有思考、接受或拒绝的余地。咨询员可以采用“也许”“可能”“我想大概是”等用语进行解释，这样令当事人比较容易接纳。事实上对咨询员的解释，当事人有时会持抗拒态度，尤其是出现两种情况时，解释要更谨慎：①当事人对咨询员的解释感到焦虑和紧张，这可能是咨询员的解释与当事人的背景有出入，或咨询员的解释不当所致。这时咨询员要暂时停顿或以支持的方法稳定其信心。②当事人对咨询员的解释持拒绝态度。这可能因解释的不正确或当事人维护自尊而发生，这时咨询员要改变解释的角度。③当事人对咨询员的解释漠不关心，这可能是因为咨询员的解释不恰当，也可能是当事人正在想自己的问题。这时咨询员必须放慢解释的速度，甚至可以以暂时沉默的态度来引起当事人的关注。

总而言之，解释是影响技术中最为复杂的技巧。心理咨询员要合理、灵活、富有创造性地运用解释技术，在当事人能够接受的范围内，达到帮助当事人认清自己的作用。

2. 引导的技巧

引导有两层意思：一是咨询员的话语是落在来访者思路的前面还是后面；二是咨询员

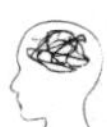

指引或影响来访者思路的程度。引导的程度随着访谈的进行越来越强，逐渐凸显咨询员带有自己流派特点，促进当事人改变的意图。但引导技术本身却一直影响治疗关系，咨询员在引导过程中应注意自然、灵活地转换话题却又不失主见，避免让对方觉得生硬、不具操作性，否则容易引起对方的阻抗。面对身份特殊，通常又很有主见、不容易信任人、对治疗后果顾虑较多的病人，咨询员应该较温和、谦让，有些治疗干预在实施之前要做许多铺垫，这个过程有时会很长、非常迂回曲折。当涉及这些人的私人关系问题时，尤其要注意谨慎试探，不宜太勉强。

3. **指导的技巧**

指导是咨询员告诉来访者应采取怎样的行动，包括直接让来访者做某些事或说某些话。指导被认为是最具影响力的技巧，它运用各种心理学原理和技术来帮助当事人改变自己。指导的技巧繁多，这里仅探讨常用的指导技巧，包括指导言语的改变、角色扮演的指导、训练性指导等。

（1）指导言语的改变。此技巧的心理学原理是认知理论，该理论认为人的情绪和行为与其认知模式密切相关，如果当事人有不合理的思维模式，或绝对化或极端化，则会导致其不良的情绪和行为。据此，通过改变当事人的言语（反映其思维活动），可以达到改变当事人不良情绪和行为的目的。

言语改变的指导除了可以在咨询过程中进行之外，还可以通过布置作业的形式，让当事人在日常的生活、工作和学习中，随时发现言语中的绝对化或极端化思想，并及时改变自我用语，减轻压力，保持情绪的平静与稳定。

（2）角色扮演的指导。角色扮演的指导技巧，包含的主要的技术如下：

第一，空椅子技术。空椅子技术仅需一人扮演，适合于当事人与别人交往发生困难时，具体做法是：把两张椅子面对面放置，当事人坐其中一张椅子，假装对面的空椅子就是那个使当事人发生交往困难的人。当事人先模拟彼此间曾有的对话，把它说出来，然后坐到对面椅子上去，以对方的立场说话，如此重复实施。这样做的意义在于使当事人了解对方，站在对方的立场理解问题。

第二，角色互换。角色互换这种技术操作与前者类似，不过参与的人要有两个或者更多。两个人开始谈论，在适当的时候，咨询员介入，让两者互换椅子和角色。为使谈话能顺利进行下去，在互换前，要重复刚才说过的最后一句话。

第三，角色代替。角色扮演进入情境后，咨询员可以找另一来访者替换主要扮演者，以帮助他对自己的情境有更多的觉察，也让原来的扮演者有机会以旁观者的立场看待自己，更加了解问题的症结。

第四，多重技巧。多重技巧是把主角整个人分成好几部分：过去的他、现在的他和未来的他。由三个不同的助理演员分别饰演三个时段中的“他”，等于把当事人的生命史一幕幕地展现出来，令当事人对自己有一个完全的认识。

第五，间歇刺激法。间歇刺激法是用来测量和训练当事人扮演某一角色，扩充其角色能力范围的方法。例如，让当事人扮演一个正在准备考试的学生，咨询员每隔一段时间就安排另一个角色，如父亲来责怪他不用功等。通过不断改变刺激，可以了解当事人应付各种干扰刺激的能力，也有助于当事人应付干扰能力的提高。

角色扮演可以减轻当事人心理上的压力，帮助其学习各种与人交往或应付情景的技能，在团体咨询中也可以促进团体内感情的交流。咨询员在应用此技巧时，应该注意角色扮演的内容要着重于“此时此地”，而不是局限于过去；所演出的内容紧扣当事人的问题所在，并要求当事人尽量投入角色中，自然真实；对角色扮演情景的涉及也需要实际具体和可操作，并重视角色扮演后的讨论与分析。同时，咨询员在使用角色扮演技术时，还应该以充分的同感去了解当事人所扮演角色的感受，并随时加以指导和调节。

（3）训练性指导。训练性指导多以行为学习理论为依据，对当事人的各种行为训练提出具体的指导。咨询中常用的行为训练有放松训练、决断训练、生物反馈训练和系统脱敏训练等。在训练之前和训练中，咨询员都会对当事人提出具体要求，指导他们应该做哪些，不要做哪些。下面以自身放松训练为例进行探讨。

自身放松训练广泛用于各种群体，可以帮助人们减轻焦虑和紧张，调节身心健康。咨询员在进行指导时，先要向受训者讲明此方法的作用和要求，并对训练中可能出现的具体反应给予说明。事实上，有的人在进行放松训练时除具有头脑清醒、心情平和、全身舒服的感觉之外，有时还会有一种特殊的自我感觉，如感觉肢体有刺痛或震颤，并伴有不随意运动；或肢体有飘浮感、麻木感或跳动感等。这些现象被称为“释放现象”，是由受训者内环境稳态重新组合所引起的、从交感神经控制向副交感神经控制的优势转化的一种表现。它具有调节人体身心功能和调整神经系统的作用，无须紧张。

咨询员根据训练要求，通过语言的暗示有次序地帮助受训者放松。先平静而缓慢地呼吸，让受训者感到安静、放松，然后按照双脚—踝关节—膝关节—臀部—腹部—双手—手臂—双肩—脖子—下巴—额部—整个身体的顺序逐步放松，引导当事人体会肢体的沉重感和温暖感，最后深吸一口气，慢慢睁开眼睛，感受全身从下至上的放松，整个过程一般要20分钟。

每次放松训练后，咨询员还要和当事人讨论训练过程中的感受和心得，并分析训练中需要改善的地方。同时，布置课外练习任务，让受训者坚持每天两次的练习。许多当事人不能坚持自我练习，所以效果不佳。因此咨询员要和当事人订好合约，督促其坚持练习。

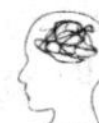

一般而言，放松训练要坚持几个月以上才会有比较明显的效果。

4. 暗示的技巧

咨询员在进行咨询工作的过程中，一直对当事人产生着一般性的暗示效应。咨询员的声望、职业权威、柔和而关切的声音，安全的环境，加上正在形成的信任和信心，正在被强化、确认的期望，逐渐使当事人的情绪和身体放松，感到内心的安静，对信息的接受性增高，意识相对狭窄，注意力集中，与主题有关的想象增加，思想受到诱导。这是一种放松的警觉状态，是为导入特异性干预所必需的。这与催眠治疗之间有相似之处，差别在于诱导产生意识改变状态程度较浅，使用暗示的有意性和力度较弱。而许多咨询员还没注意到这一点，更没有想到要主动利用。

5. 自我暴露技巧

自我暴露技术是指咨询员在必要的情况下适当地将自己的感觉、经验和行为与当事人分享，以增进当事人对自身问题的了解和获得自我改变的有益信息。通常，自我暴露在咨询过程中，能产生以下作用：

（1）咨询员自我表露的内容和当事人的经验相似，可以增加当事人对咨询员心理上的认同，有助于双方的沟通。

（2）咨询员愿意将自己的私事或内心话表露出来，表示他信任当事人，这样自然也增加了当事人对咨询员的信任感。

（3）一般而言，有困扰的当事人多倾向于封闭自己，因此咨询员的自我暴露具有示范作用，让当事人学习更有效地开放自己。

（4）经过咨询员的自我暴露之后，当事人不再只是倾诉者，同时也是一个倾听者。从咨询员的经验当中，当事人可以看到一些自己忽略的地方，有利于其思考和自我改变。

当然，自我暴露并非咨询员的随意暴露，而是需要一定技巧的。一般而言，根据自我表露的层次不同，可以分为四个等级：第一级：咨询员只表露出能满足自己的东西，完全不顾当事人所表露出的情感。第二级：咨询员不主动地自我表露，仅回答当事人直接的问题，却显得焦躁和简单。第三级：咨询员的表露仅限于和当事人有关的表面的、一般性的情感，而未将他个人的独特处表露出来。第四级：咨询员自由地、无拘无束且适时地表露他自己个人的观念、经验和情感，而且也符合当事人的兴趣、需要和当时的情境。

不同层次的自我暴露会对当事人产生不同的影响，咨询员在使用这种技术时必须把握的原则包括：第一，咨询员必须在认定自己的经验对当事人有所帮助的情况下才做自我暴露。自我暴露不是咨询目的，而是一种促进当事人自我探讨、自我认识、自我改善的手段。第二，咨询员自我暴露的次数不宜太多，否则会使当事人怀疑咨询员的真诚性，或者加重当事人的心理负担。第三，咨询员的自我暴露必须适可而止，避免长篇大论。咨询的历程是以帮助当事人为前提，不可让重点转移到咨询员的抒发情感上来。

6. 提供信息与忠告

提供信息与忠告是咨询员借助为当事人提供建议、给予指导性信息、提供具有指导意义的思想观点等办法而达到帮助当事人的目的的技术。通常，提供信息与忠告在职业心理咨询中最为重要，因为来访者进行咨询的目的就是获得有关方面的重要信息，并希望能借咨询员丰富的资料和经验来帮助自己作出抉择。咨询员在提供信息与忠告时，应注意以下方面：

（1）为当事人提供的信息与忠告要完全以当事人的利益为出发点，并尽可能使对方了解自己提出有关信息与忠告的根据。如果对方不以为然，咨询员应重新检查自己对对方问题的了解，帮助他寻找另外的解决方案。

（2）为当事人提供忠告时，要注意言语的措辞，例如，可以采用这样的语句："如果我是你的话，我可能会……""如果那样的话可能会对你更好"等。措辞生硬可能会使当事人产生抵触心理，而委婉的话语则易于被对方接受，而且用"如果我是你的话"这样的语句，更能反映咨询员的协助作用。

（3）忠告或建议不宜过多，毕竟咨询员有时并不能真正了解对方的苦衷，有时是站在自己的立场上看问题，忠告或建议过多反而会失效。因此，使用该技术时应持慎重态度，在大多数情况下，当对方询问咨询员的意见或建议时再给予忠告、建议，咨询员一般不应该主动提出过多的建议。

7. 影响性总结的技巧

影响性总结一般在会谈即将结束时进行，咨询员可以先总结一下本次会谈发现当事人都有些什么样的问题，然后讲一下在此次咨询中重点对哪几个问题进行了讨论，最后可以概括一下本次会谈的要点。影响性总结有助于会谈双方对此次会谈的情况有更为清楚的了解，更重要的是有利于当事人抓住会谈要点，加深其在会谈中所学到的东西的印象。影响性总结可以通过咨询员提问、当事人回答的形式进行，这样效果会更好。例如，问对方"让我们回头看一下，这次会谈对你有什么帮助""试试看把你对这次会谈的感受说出来""对刚才我们讨论的如何改变胆怯行为的方法，你是怎样想的？打算怎样去实践？"。通过这样的总结，有助于当事人清楚自己的行动方向。

三、咨询阻力的消除技巧

心理咨询的过程并非一帆风顺，它常常会遇到各种各样的阻力。这些阻力既可能来自

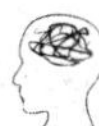

当事人，也可能来自咨询员本身。因此，分析各种阻力产生的原因，掌握消除阻力的技巧，是保证心理咨询有效进行的重要环节。

（一）咨询阻力来源与表现形式

1. 咨询阻力来源

（1）来自咨询员的阻力，主要有两个：一是产生于满足自身需要的阻力；二是与咨询员个人缺点有关的阻力。

第一，产生于满足自身需要的阻力。当事人身上的某些特性可能正好满足了咨询员自身的某些需要，若咨询员把为满足需要的努力也带入心理咨询过程中，阻力就产生了。例如，若咨询员认为来访者具有吸引力或者认为对方是个值得与其建立良好私人关系的人，当他既想与对方培养私人关系，又想作为咨询员与对方建立咨访关系时，阻力就开始产生了。因为作为专业人士，咨询员需要把全部的咨询时间都花在帮助对方身上，而作为个人，他又需要占用一定的时间以建立一种私人的友谊。两重需要不仅影响咨询员的全心投入，也影响咨询员以客观的身份去分析当事人的问题，进而影响咨询效果。又如，有的咨询员控制他人的欲望强于帮助他人的欲望，在咨询过程中就会把自己的意愿强加在当事人身上，其结果可能是，使依赖性强的当事人变得更加依赖他人，独立性强的当事人抗拒心更强，咨询很可能陷入停滞。

第二，与咨询员个人缺点有关的阻力。有的咨询员在生活中也存在这样或那样的问题，若来访者的问题恰好与之接近或相似，咨询员就可能难以分辨。咨询员本人对此问题就不能够理智地对待，也就难以帮助对方调整看问题的角度或提出有效的建议。另外，咨询员对某些人或事的刻板印象也会影响咨询的过程。

（2）来自当事人的阻力，来自当事人的阻力主要有三个：一是成长中的痛苦；二是机能性的行为失调；三是对抗咨询员的心理动机。

第一，阻力来自成长中的痛苦。当事人多数在咨询过程中都会产生某种变化，变化的程度可能很不同，但无论程度如何，成长中的变化总要付出代价，总会伴有消除旧有的行为习惯、建立新的行为习惯的痛楚。具体而言，成长中的阻力主要产生于以下方面：

首先，开始新的行为的问题。在咨询中当事人需要重新觉察自己的基本信念和价值观，但许多当事人前来咨询时尚未认识到这一点，没有认识到他的心理问题源于其信念与价值观。另外，改变一个人多年形成的信念与价值观亦很不容易，不仅需要咨询员的努力，当事人自身的努力更为重要。这需要一种深刻的反省，建立新的信念和价值观也是很艰难的过程。由于这两个原因，当事人在咨询中会自觉不自觉地产生阻抗，以延缓或减少这种成长中的痛苦。

其次，结束或消除旧的行为的问题。当事人的某些旧的行为是许多年不断积累形成的，而且可能曾给他们带来过快乐。因此，当事人要结束或消除这些行为就需要很大的勇气，有时甚至是很痛苦或艰辛的。例如，自己怜悯自己、退缩行为、无所事事等，这些行为可能是当事人喜欢的，或可以为自己的心理脆弱或无成就感所带来的痛苦、压力做开脱。因此，要消除这些行为，也会使当事人产生阻抗。

第二，阻力来自机能性的行为失调。所谓机能性的行为失调，是指失调的行为最初是偶然的，因其在某方面的需要得到了满足，失调行为发生的次数增加，以致固定下来。这种情况对咨询的阻力很大，因为当事人一方面为自己失调的行为感到焦虑；另一方面求治的积极性并不高，或者说在其内心深处，有一种很强的力量阻止其行为的改变。许多心理症状都属于机能性的行为失调，其中强迫症状是最为典型的。

第三，阻力来自对抗咨询员的心理动机。咨询的人各种各样，其咨询动机也各不相同。有的人来咨询并非发自内心或自愿，而是迫于父母或老师、上司的压力才来的。这种来访者在其内心深处对咨询有抵触情绪，因此咨询也难以进行或只能在表层徘徊不前。有的人来咨询只是想得到咨询员的同情或对其某种行为的赞同，因此他们在咨询中只关注咨询员的态度是否与他们的情感想法一致，而不打算听取咨询员的其他意见。当咨询员要和他们一起讨论所要解决的问题，帮助他们分析其他解决问题的可能性时，他们就会表现出不耐烦或不感兴趣，阻力明显存在。

2. 咨询阻力表现形式

（1）来自当事人阻力的表现形式，主要体现在其讲话程度、讲话方式、讲话内容以及与心理咨询员的关系上。

第一，讲话程度上的阻力表现。阻力在当事人讲话程度上的表现有三种：沉默、寡言和赘言，其中以沉默最为突出。沉默指当事人拒绝回答咨询员提出的问题，或有长时间的停顿。它是个体对心理咨询的最积极的、最主动的抵抗，多源于当事人因为被迫前来咨询而产生的愤怒情绪，也可能是因为咨询员的解释不当而导致了当事人抵触或反抗。

当然，沉默并非都是阻力反应，有时它又是积极的和有益的。例如当咨询员的某个看法或观点令当事人获得新的领悟时，当事人可能会停顿下来，沉默一分钟或几分钟，思考、反省自己的观念与情绪是否恰当。这种沉默被称为创造性沉默，它有助于当事人重新体验、分析自己的问题。

少言寡语是当事人对心理咨询的消极抵抗形式，它通常以断语、简句及口头禅（如嗯、唉、啊）等形式加以表现。少言寡语也常见于那些被迫来咨询及对心理咨询充满戒心

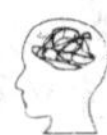

的人，它使得咨询员产生困惑及挫折感，无法投入咨询过程中去深入了解当事人的内心世界。

赘言则与沉默和少言寡语相反，表现为当事人在心理咨询过程中滔滔不绝地讲话。但这种积极回答咨询员提问的表象背后隐藏了当事人某种潜在的动机，如减少咨询人员讲话的机会，回避某些核心问题，转移其注意力等。通常当事人的赘言是无意识的，但它却能起到阻碍咨询进程的作用。

第二，讲话方式上的阻力表现，表现主要有顺从、控制话题、最终暴露和心理外归因等。

顺从是指当事人对咨询员的每一句讲话都表示绝对赞同和服从，从不与之争论，似乎对咨询员格外尊重和客气。这种顺从使咨询员无法深入了解当事人的内心世界，有时还会使咨询员无所适从，自然也无法提供真正有效的帮助。

控制话题是指当事人在谈话中，一味要求咨询员讲自己感兴趣的话题，而回避自己不愿谈论的话题。这样做也是为了减轻其因提起不愿谈论的问题而产生的焦虑。

最终暴露是指当事人故意在咨询会谈的最后时刻才讲出某些重要事件，令咨询员感到措手不及，借以表达他对心理咨询的某种抵抗。不过，最终暴露有时候是因为当事人内心的犹豫不决所致。因此，要注意区分真正犹豫性的最终暴露与抵抗性的最终暴露。

心理外归因是当事人将某种心理冲突与矛盾的原因完全归结于外界作用的结果，而回避从自身的角度认识问题。心理外归因严重阻碍了个体的自我反省，同时也对咨询员引导其从自身方面寻找原因加以阻碍和拒绝。

第三，讲话内容上的阻力表现。在咨询过程中，当事人经常通过对谈话内容的直接、间接控制，表现他对心理咨询及其个人行为变化的阻抗。常见的形式有理论交谈、情绪抒发、谈论小事和假提问题等。

理论交谈指来访者竭力用心理学或医学上的术语来和咨询员交谈。表面上，它似乎增进了两者之间语言上和思想上的交流，但实际上它常表现了前者对后者的某种疑虑及企图加以控制的欲望。采用理论交谈手段的来访者，大多会在见面时就告诉咨询员，他看了多少有关心理咨询的书籍，并不断将有关自身问题的理论和疗法部分向咨询员提问。这样做不但可以回避谈其自身的情绪问题，也可以增强他在心理咨询中的地位。

情绪抒发指来访者对某些谈话议题的强烈的情绪反应，它可表现为来访者的不自然的畅谈。这种情绪抒发可以令当事人避开感到焦虑和精神痛苦的意念，所以从这层意义上讲，它也是一种精神防御的表现。

谈论小事是当事人对心理咨询中无关紧要的小事谈论不休，而回避谈论中心问题，并转移咨询员的注意力。谈论小事常常是心理咨询中最轻微，也是最不易察觉的阻力表现。

假提问题是来访者通过向咨询员提出表面上适宜、实际上毫无意义的问题，回避谈论某一议题或加深某种印象。例如，“我正接受什么疗法？它有什么理论依据？”这类问题往往与心理咨询本身没有密切联系，也常令咨询员无从回答。因此，假提问题也代表了当事人的某种自我保护的需要。

第四，咨询关系上的阻力表现。咨询关系上的阻力指来访者通过故意破坏心理咨询的一般安排与规定来实现其自我防御的目的。其中最突出的有不认真履行心理咨询的安排，如不按时赴约、借故迟到、早退，不认真完成咨询员布置的作业，不付或延付咨询费等，都属于阻力的表现。

（2）来自咨询员阻力的表现形式，主要包括：①迟到或取消已约定的时间，并且准备了一大堆有关的理由；②不是认真听来访者的谈话，也不与来访者认真讨论问题，而是只顾自己说，让来访者听；③会谈时走神或打瞌睡；④会谈时不讨论来访者的问题而是谈论自己的事情；⑤常常忘记有关来访者的信息；⑥对来访者提出不可能做到的要求；⑦突然认为来访者有另一个“特殊的问题”，要把来访者介绍给其他咨询员；⑧拒绝与来访者讨论对方认为是很重要的问题；⑨以讽刺的口吻对来访者讲话；⑩与来访者讨论咨询员自己感兴趣的问题，而这种讨论并非有助于来访者问题的解决。

（二）消除咨询阻力的注意事项

阻力无论是来自当事人，还是来自咨询员，都不利于咨询的进行。因此，咨询员需要了解阻力产生的各种原因和表现形式，以便在阻力真正出现时能及时发现并进行处理。此外，咨询员在解决阻力方面应注意以下方面：

1. 咨询做到友爱、关注与理解

咨询员营造治疗关系时要注意激活自己行为上与对方的需要和期望相符合的那些方面，但同时又要保持独立性。故意迎合不等于完全迁就，要为后来使对方逐步适应治疗过程留有余地。按情感距离，大致可以区分出三种咨询员的位置：支持、保护的“慈母”，客观的“教练”，疏远的“专家”。不同的病人对咨询员的位置有不同的期望，而不同的位置又各有其优点和缺点。咨询员在与病人接触的过程中，还会接受许多别的“邀请”、诱惑或迫使其采取其他的角色并进入相应的关系。

与来访者保持多大的距离，建立怎样的咨询关系，既要有个人风格，又要依具体情境而定，这要求咨询员有“演员”的能力，让自己进入本不喜欢但当前有用的角色。

在咨询过程中，咨询员对来访者首先要做到友爱、关注与理解，即使对方充满不情愿或敌对情绪，咨询员也要给予充分的体谅，尽可能创造好的咨询气氛，解除来访者的顾

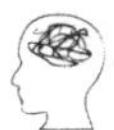

虑。如果对方能够开诚布公地谈论自己的问题、表达自己的看法，就为咨询会谈减少了一些阻力。

2. 正确地进行压力诊断与分析

来访者的问题多种多样，有时还有伪装性和隐匿性。如果咨询员能够及时摸清对方的问题所在，并作出正确的分析和诊断，那么来访者就会信服咨询员，进而消除顾虑和犹豫。那些防御心理很强的人，可能会以各种形式表现其阻力，或回避问题，或沉默不语。咨询员都要以真诚的态度和高超的专业技能博得对方的信任，排除会谈的阻力。

3. 以诚恳帮助的态度对待阻力

一旦确认咨询中出现了阻力，为了帮助对方认识这个问题，咨询员可以把这种信息反馈给当事人。但这种信息反馈一定要从帮助对方的角度出发，并以诚恳的态度和与对方共同探讨问题的态度向对方提出这一问题。

4. 增强自信心，灵活对待阻力

对于阻力现象，咨询员也不要看得过于严重，不要因为发现有阻力，就使咨询气氛过于紧张。这里关键在于咨询员要有自信心，充分认识自己的优势，即使在咨询中有了失误，也不要紧张，只要真诚面对自己，真诚面对当事人，尽可能地帮助对方，这样即使有阻力，也可通过双方的共同商讨得到解决。

第三节　团体心理咨询及实施

团体心理咨询是在团体情境中通过人与人之间的交互作用，运用各种心理学方法开展心理咨询的，这与个体心理咨询有很大的区别。对于某些心理问题，团体心理咨询有更好的疗效，例如，对人际交往过程中出现的许多心理问题，团体咨询可以模拟生活场景，还原现实情境，营造特殊“事件”以帮助来访者。

一、团体心理咨询的作用途径

与个体心理治疗作用途径不同的是，团体咨询作用途径不是通过团体领导者这一孤立的途径发挥作用，而是通过人际间相互作用、团体氛围和团体领导者的引导、激发与唤醒三者协同作用完成的。人际间相互作用这是团体心理咨询的基本作用途径，也是经典作用途径。团体成员通过各种团体活动，如游戏、角色扮演、心理剧、行为训练、观察学习、小组讨论等形式，产生相互作用、相互反馈、相互影响，促进成员之间自我觉察、自我完

善。团体氛围是在团体咨询现场和咨询进程中，团体成员以及团体领导者所表现出的占优势的情感和态度体验，主要包括心境、精神体验、情绪波动、成员间人际关系、对团队的态度等，即团体的整体心理状态。团体氛围深深地影响着团体的运作与发展，以及每一个身在其中的个体。

团体氛围的作用主要体现在：①情绪调节作用。轻松愉快的团体氛围，能舒展人的情绪和身体，增强成员参与咨询的积极性和兴奋度，进而提高对咨询内容和过程的接受度。不同的团体氛围可以引导成员产生不同的情绪体验，如轻松的氛围使人获得身心放松，紧张热烈的氛围激发热情催人奋进，安静沉重的氛围使人趋于平静并引人深思，悲伤压抑的氛围有时也会催人泪下。②行为约束作用。社会心理学研究了团体对个人行为的影响，包括社会助长、社会干扰、去个性化以及从众等。这些作用在团体咨询中同样也会发生，在团体“压力”或规范的作用下，成员的行为会趋向于与团体其他人保持一致，或是离开团体或是积极参与，或是阻抗或是认同。良好的团体氛围将引导成员产生有利于团体发展的行为模式，使其与咨询师、与整个团体产生认同和归属，团体凝聚力也将在这个过程中逐渐产生，为团体咨询的良性发展保驾护航。③认知引导作用。团体氛围虽然是隐性的，但会潜在地影响人的认知结构和行为方式。

影响团体氛围的因素是多元的，主要包括硬件和软件两个部分。硬件是指导团体现场的物理环境，如灯光、音响、道具、设施等；软件是指团体规范、团体凝聚力、领导者的状态和团体活动等，其中团体活动是影响团体氛围、产生“场效应”的最重要载体。在团体心理咨询中，和谐、放松的氛围，可以让团体成员在团体中充分表达，以促进审视自己思想，反观自己的行为，深入了解自己的个性。团体氛围对人可以产生以下三种作用：其一，使人的心理在不知不觉中进入某种状态，这种状态为后续团体活动的开展起到“心理铺垫”的作用；其二，环境气氛本身就是一种刺激，可以直接对人的心理和行为产生影响，如从众行为；其三，特殊的环境，可以让某些心理品质充分袒露，有利于团体成员进一步了解自己。

在个体心理咨询中，来访者主要是通过与咨询师“一对一”的沟通发挥作用、实现咨询目的，咨询师与来访者沟通和交流的效果决定咨询效果。在团体咨询中，领导者的作用只是三个作用途径中之一；此外，领导者的主要作用是引导互动、启发交流、激发心理潜力和唤醒沉睡的意识多个方面，领导者的语言、行为、表情会对成员心理和行为产生直接作用，是辅助的、次要的。

团体咨询中人际间互动、团体氛围和领导者三种作用途径的关系是：三种途径共同作用产生效果；人际间互动是根本，领导者是关键，团体氛围是催化剂。如果只依靠领导者的引导，而没有人际间互动，那只能算演讲；如果只有人际间互动，但没有领导者的引

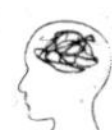

导，只能算游戏或活动。领导者主要通过活动营造氛围、引导互动、启发思考，领导者的直接作用是辅助的和次要的。有的团体领导者，在团体中完全依赖个人语言、表情和魅力来影响团体成员，此时的团体咨询已经转变成为演讲，它的作用是单向的。

二、团体心理咨询对成员的影响

在团体情境中开展咨询和个体“一对一”咨询相比，有很大的不同。团体咨询对成员的影响可以从以下方面着手：

（一）体验“和别人一样”的感受

当个人遇到困难和问题时，往往会把自己的问题看得很独特，于是会感到恐惧、无助和失望。在团体心理咨询中，通过倾听成员经验与感受的分享，可以使成员发现别人也有类似的问题或一样的困扰，于是孤单感减少，焦虑减轻，同伴感增加。

（二）感受团队成员的互助与互利

在团体中，成员彼此帮助、互相支持、分担忧愁，成员在帮助他人的过程中，会发现自己对别人很重要。对任何人而言，被需要的感觉是很重要的，这种体验使成员感到自己存在的价值，获得欣喜感和满足感，进而增强自信心。团体中，成员既能帮助他人也能帮助自己。团体中的互助互利是一种积极的人生体验，成员的这种体验不仅可以在团体中充分感受，而且还会扩展到成员今后的生活中，使成员主动承担责任和进行持续的助人行为。

（三）在团体心理咨询中获得归属感

人们都希望自己归属于某一个或多个团体，这样可以从中得到温暖，获得帮助和爱，从而消除或减少寂寞感，获得安全感。团体的基本功能就是让成员能感到自己被团体其他成员接受而产生归属感。成员在团体中会明确地意识到自己是团体中的一员，被别人接受与关心，共同面对问题，进而产生摆脱困境或解决问题的信心，并且以同舟共济的精神去面对外界。团体的归属感和认同感也是社会生活中十分重要的经验。

（四）接触多样观点与获得不同反馈

在个体心理咨询中，来访者接触的观点、获得的反馈只是咨询师一个人；在团体心理咨询中，来访者除了从领导者那里获得反馈以外，还可以从其他成员的建议、反应和观点中获得信息。团体成员各自有着不同的背景和经验，对问题也会有不同的观点和理解。这种不同视角、不同立场的多元信息，无疑为团体成员提供了丰富的背景资料和多元价值观，有助于拓展成员的视野，开启成员的思路。此外，在团体中，成员可以获得不同的成员对自己反馈，了解其他成员对自己的看法，而这些反馈比之个别情境的反馈更有冲击力，有助于成员改变不良行为，发展适应行为。

（五）帮助进行观察学习与行为模仿

观察学习又称为“替代学习”，是由于观察他人行为或榜样，而做出与之相对应的行为过程。观察学习不同于行为模仿，行为模仿是先向学习者展示正确的行为，再要求他们在模拟环境中扮演角色，并在反馈的指导下不断重复直至完全一样。行为模仿是指学习者对榜样行为的简单复制，而观察学习则是学习者一种更为复杂的学习行为，这种行为还包括创新。在团体心理咨询中，更多的是观察学习，但也有行为模仿。人的行为可以通过观察学习或行为模仿过程获得。但是获得怎样的行为以及行为的表现如何，则有赖于榜样的作用。

三、团体心理咨询的多元功能

团体是由个体成员组成的整体，个体之间相互影响，相互促进，而一个良性的整体需要个体协作以获得平衡。所有成员经由团体可以了解自己的社会行为，观察群体行为，了解群体结构和领导关系，体会团体的“系统”性质。因此一个人想要清楚地了解自己最好到团体中去；要改变和完善自己最好到团体中去；要实现自我价值最好到团体中去。团体咨询给人们提供了一种“生活的试验场”，在这里可以不断地探索自我、完善自我，寻找更有力的社会支持，学会更有效的生活态度与技巧，同时还可以治愈许多心理问题。

（一）心理矫治功能

心理矫治是减轻或消除心理问题或障碍，团体咨询通过对问题的分析，制订有针对性的治疗计划，实现对不良情绪、认知及行为的矫正。团体咨询的矫治作用是通过多种途径实现的。团体咨询的情境比较接近日常生活与现实状况，以此处理情绪困扰与心理偏差行为，更易收到效果。团体咨询中众多的成员、特殊的氛围以及团体规范，对个体的行为和心理将产生更大的影响，具有更强的感染力。成员在团体中重复的行为训练，经过多次强化易建立稳定的条件反射。团体心理治疗还通过观察学习和成员的行为模仿等方法，促进个体不良行为的矫正。

（二）心理预防功能

团体咨询是预防心理问题的最佳策略，个体心理咨询的原则之一是来访者主动求助原

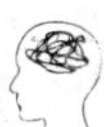

则，即每一次咨询都是以来访者愿意使自己有所改变为前提，咨询师不能以任何形式强迫来访者接受或维持心理咨询，从这个角度来看，个体心理咨询很难有预防功能。团体心理咨询并不一定针对成员存在的某一个心理问题，还可能是成员将要面对的心理问题而开展，如新环境的适应、恋爱问题的处理等。此外，团体咨询通过成员之间彼此交流、多视角看问题、学习处理问题经验等，可以预防心理问题的发生或减少心理问题发生的概率。

（三）心理教育功能

在团体心理咨询中，教育功能不是通过独立的治疗模块实现的，而是渗透在各个治疗模块以及模块中所用的治疗方法，如成员间相互交流、行为模仿、视频学习、领导者点评等活动都具有直接或间接的教育功能。团体心理咨询的心理教育功能有助于培养团体成员的社会性，使其有效地学习社会规范，形成适应社会生活的态度与习惯，以及互相尊重、互相了解、少数服从多数的民主作风，促进成员人格的全面发展。

团体咨询的过程被认为是一种通过成员相互作用，来协助他们增进自我了解、自我抉择、自我发展，进而自我实现的一个学习过程。参加团体咨询的成员常常有共同的问题，例如，对家庭、学校、企业、社会的态度问题。在团体中以一种“经验分享历程”的团体讨论方式，可促使其获得正确的观念与适当的态度。这有助于解除成员遇到挫折时产生的烦恼和忧虑感，在情绪稳定上更加成熟。可见，领导者的任务是教会那些在面对日常生活中的压力和任务方面需要帮助的人，学习某些策略和新的行为，从而能够最大限度地发挥其已经存在的能力，或者形成更为适当的应变能力。

（四）心理唤醒功能

唤醒是指个体在心理和生理上（主要表现在自主神经系统）的一种警觉状态，表示是否做好了反应的准备。如果一个人始终不在警觉状态，就可能失去对身边发生的事变或危险的敏锐感觉，就可能失去开发自身潜能的机会。事实上，很多人都具有非凡的潜能，然而，生活中的屡次挫折和失败经历，或者某些特殊的成长环境，使得这些人长期离开警觉状态，不再相信甚至怀疑自己所具有的潜能，导致大部分潜能都处在沉睡状态。其中少数人可能在所处的环境中受到某种因素的激发，或者受到某种刺激，潜能得到了激发，创造了人生的幸福与辉煌，但更多的人的潜能可能在一生中都蕴藏在体内而没有被唤醒。团体心理咨询十分重视治疗中的心理唤醒功能，这种重视不仅表现在理论层面上，更重要的是表现在实践操作层面上，把唤醒作为对人心理影响的一个重要疗效因子。通过领导者暗示、引导、激发以及团体成员的互动，唤醒成员沉睡的心灵，使个人的潜能得到激发，从而创造更大的人生价值，对社会做出更大的贡献。在唤醒过程中，领导者应本着“循循善诱”的态度，积极引导成员从不同的角度去觉察与领悟其当前心理困惑的本质以及与外界事物的关联。领导者的暗示、引导不是为了矫正，而是为了发展。

（五）心理发展功能

人的发展是个体从生到死的变化过程，既有连续的、渐进的量的变化，又有质的变化，人的发展包括生理和心理发展两个方面。生理的发展是指身高体重的增加，骨骼构造的变化，神经组织的变化等；心理的发展是指认知（感知、记忆、思维）和意向（需要、兴趣、情感、意志）方面的发展。心理的成长与发展，不仅可以帮助团体成员扫除其正常成长过程中的障碍，使其心理得到充分发展，而且对于很多心理问题有治疗的作用。

团体心理咨询十分重视人心理的成长与发展，在团体心理咨询中，发展功能主要通过一些专门的治疗模块，如目标模块、生涯规划模块以及模块中一些咨询方法来实现。心理的发展不仅对正常人是重要的，对于有心理问题或心理障碍的人同样是重要的。咨询心理学强调发展的模式，它试图帮助咨询对象得到充分发展，扫除其正常成长过程中的障碍。团体方式的活动，不但可提供成员必要的资料，改进其不成熟的偏差态度与行为，而且能促进其良好的发展与心理成熟，可以培养成员健全的人格，发展和谐的人际关系。

四、团体心理咨询的实施步骤

团体心理咨询的实施步骤，一般可以分为三个阶段：初始阶段、运作阶段和结束阶段。

（一）团体心理咨询的初始阶段

团体心理咨询初始阶段的主要任务是组建团队、确立规则、消除隔阂、建立信任等，为后续团体咨询的顺利开展奠定基础，具体包括以下步骤：

1. 团体领导者介绍

在分组前，团体领导者要面向成员做一个简短的介绍，内容包括领导者自我介绍，或领导者团队成员介绍；接着是团体咨询的简单介绍。在团体咨询开展之前，团体领导者的自我介绍是必要的，有利于提升领导者的形象，建立良好的咨询关系，增进彼此了解和信任。团体“领导者自我介绍的内容主要包括：自己学习的经历、从事团体咨询的时间、开展的相关研究以及目前的工作状态”①。此外，也可以适当介绍自己的兴趣和爱好等。关于团体咨询的介绍，主要包括团体的功能、活动形式等，以帮助成员对团体形成初步的认

① 刘伟．团体心理咨询与治疗［M］．北京：人民卫生出版社，2015：190.

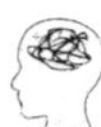

识和印象，消除误解。领导者和团体介绍最好有文字、配上图片，以便成员直观、形象地了解。如果团体领导者的介绍在团体开展前一天预备会进行，此环节可省略。

2. 灵活组建团队

组建团队是开展团体咨询的第一步，即团体成员被分配到不同的小组，8~10 人组成一个小组，这样便于成员之间的了解和交流，以及对问题开展深入讨论。分组时要考虑到成员的性别、年龄、熟悉程度、文化等因素。最好不要把性别相同以及相互之间比较熟悉的人分在一个小组，这样容易形成亚团体。分组方式有多种，如报数随机分组法、抓阄随机分组法、生日等随机分组法、同类分组法、分层随机分组法、内外圈分组法、活动随机分组法、七色板分组法、扑克牌分组法等。团体组建后，指导者可以进入小组。小组分好后，要为小组起一个“组名”，也可以再起一个“团队口号”。“组名”要能代表全体成员的愿望或期盼，“团队口号”要积极向上，能够反映成员的精神面貌。

3. 成员相互认识

小组分好以后，接下来的任务就是相互认识。小组成员之间相互认识可以通过很多途径和形式来实现，可以用一般常规的自我介绍方法，也可以通过游戏的形式来自我介绍，如“名字串串烧”“抱球相识”“棒打薄情郎”等，成员相互认识和熟悉后，接下来的任务是指导者带领成员为自己的小组起一个组名。

4. 明确团体规范

团体初始阶段开始时需要实施的一项重要任务是建立团体规范。团体规范是成员对团体的期待和领导者引导形成的。团体领导者言论具有很强的作用，尤其是在团体建立的早期。团体规范是对成员某种行为的建议或禁令，它可能是隐含的，也可能是明确的。团体领导者先不要刻意地制定团体规范，可以向成员列举一系列行为，如自我封闭、对他人意见的攻击、过度自我暴露、尊重他人、抢夺话题等引导成员讨论，哪些行为在团体中是适当的，哪些行为是不适当的。此外，团体领导者还可以介绍一些基本的规范，如遵守纪律、服从安排、保守秘密、坦率真诚、主动参与、积极分享等。在与成员商讨后，建立初步的团体规则。团体规范形成后，打印出来，每人一份；可举行一个仪式，由团体领导者向全体成员宣读规则，全体成员共同念诵。

5. 进行破冰活动

破冰就是打破冰层，消除成员彼此之间的怀疑、猜忌、疏远，使成员在安全、放松、融洽、快乐的环境气氛中交流和分享。因此，破冰是团队组建环节中另一个重要环节。小组成员自我介绍、相互认识活动，由于时间短、缺乏彼此连接，因此，此时的“相互认识”只能停留在表层，不能减轻或消除内心的隔阂。在团体咨询中，破冰一般通过团体活动或游戏来实现。小组成员共同参与活动，相互之间发生协作、配合，产生相互作用，连接和情感随之产生，凝聚力逐渐形成。

破冰的游戏和活动有很多种，有效的破冰活动或游戏需要满足四个条件：①小组成员共同参与；②有适度的肢体活动；③成员之间有适度的身体接触；④要根据团体成员的年龄、性别、文化、习惯选择破冰活动，活动的形式要能被所有成员接受。

此外，破冰活动持续的时间也是要考虑的因素。如果成员年龄较小，防御相对较少，破冰时间可能较短；反之，破冰的时间可能较长。判断破冰是否达到要求的标准是：在随后的交流与讨论中，如果小组多数成员能自我暴露，积极表达自己的感受，表明破冰基本达到要求；反之，就没有达到要求。因此，在第一个破冰活动后，最好开展小组讨论，以检验破冰的效果。如果破冰达不到要求，应继续选择游戏活动进行破冰。一般而言，团体咨询的破冰在 1~2 小时，如果成员年龄较大，心理防御较重，破冰可能超过 4 小时。

6. 建立团体信任

彼此之间信任的建立是开展团体心理咨询的最重要基础。成员彼此间缺乏信任，心理防御就不会减轻或消除，自我暴露就不深刻，团体互动只能是表面的，成员之间也不可能提出有建设性的问题，团体咨询难以取得效果。团体成员隐瞒各自的真实感受将阻碍团体咨询的顺利进行。信任建立包括三个方面：一是在小组内成员之间；二是在团体成员与团体领导者之间；三是在不同团体小组成员之间。

（1）小组内成员之间信任的建立。在团体心理咨询中，大多数活动是以小组为单位开展的。小组成员之间的信任不能建立，成员间的交流较肤浅，讨论与分享只能停留在表面，难以深入。因此，小组成员之间的信任是建立信任的基础。

（2）团体成员与团体领导者之间信任的建立。团体成员与团体领导者之间信任受到团体成员和领导者两方面因素的影响。团体成员方面的因素包括：动机与愿望、年龄、文化水平等；团体领导者自身的因素包括：热情程度、人格魅力、团体咨询水平、自我袒露程度、自信心、知名度以及对团体咨询的责任心等。领导者自身的因素是影响彼此之间信任的关键。领导者的热情、诚挚、尊重的态度对构建信任、和谐、融洽的小组氛围十分重要。领导者应具有高度热情，尊重和接纳每个小组成员；领导者应仔细观察每个成员表情和身体语言变化，及时给予回应；领导者适度的自我暴露，风趣、幽默的语言都有利于彼此信任的建立。

（3）不同小组成员之间信任的建立。团体咨询的活动不仅在小组内开展，而且要在大团体中开展。在团体咨询中，有些团体活动的开展是需要所有团体成员共同参与的，而不仅是一个小组或几个小组的参与，尤其是所有成员在大团体中交流与分享。这就需要团体

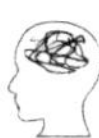

成员在更大的范围内建立彼此之间的信任关系。在团体咨询中彼此信任的建立是受多种影响的，也是一个循序渐进的过程。建立信任是初始阶段最重要的任务，也是重要的目的。然而，信任的建立并不是在初始阶段就能实现的，需要在随后的运作阶段的各个环节中逐步实现。

（二）团体心理咨询的运作阶段

在团体心理咨询的初始阶段结束之后，接着进入运作阶段，运作阶段是团体心理咨询真正的开始，是团体过程的核心。团体咨询运作阶段是团体过程的关键环节，也是最复杂环节。团体领导者在运作阶段常常会遇到一些问题。这些问题的有效处理是团体咨询效果的基本保证，具体如下：

第一，个体成员问题处理。在团体咨询中，对于是否处理个体成员问题一直存在争论。团体咨询是在团体环境中解决诸多成员存在的一些共性问题。从这个层面上来看，在团体中不宜处理个体成员问题，否则其他成员的权益会受到影响。但问题又不是绝对的，如果团体咨询对个体成员出现的问题不及时、有效处理可能也会影响整个团体咨询效果。此外，如个体成员出现的问题具有普遍性，或者处理个体成员问题的过程对其他成员有帮助，团体咨询中是可以处理个体成员问题的。

第二，焦点的深化与转移。从原则上讲，团体咨询不宜暴露得太多，焦点也不宜拓展太深。然而，在团体咨询实践中，焦点深化程度很大程度上取决于领导者的能力和经验。对同一个问题的处理，不同的领导者在焦点的深化程度上是不同的。因此，领导者要根据自己能力和经验，确定焦点的深化的程度以及何时转移焦点，以自己能够掌控和把握为前提。

第三，游戏太多。游戏太多是团体咨询实践中经常出现的问题。团体咨询中促进成员互动、交流的载体很多，游戏只是活动呈现与体验，此外还有情绪呈现与体验、认知呈现与体验等。游戏的参与度高、娱乐性强，但热闹多停留在表面，很少深入内心。因此，游戏更多地用于破冰和结束环节，尽管有些游戏也可以用于咨询和治疗。团体中，游戏技术要与其他技术配合或整合使用，单独使用游戏技术不是一个明智的选择。

第四，活动的目的与模块目标不匹配。团体中经常出现的另一个问题是活动的目的与模块的目标不匹配，或者关系不太大。一个团体活动可以有多个目的，但总有一两个主要的目的，其他是次要的目的。一个团体活动可以实现的目标越多，它的针对性就越差。一般而言，团体活动的目的要与模块的目标相匹配或一致，如果不匹配团体活动只能发挥热闹气氛、娱乐心情的作用，停留在破冰层次。

第五，活动缺少交流与分享。团体活动的作用是呈现、触动、启发、练习等，这些作用的更好发挥需要通过小组讨论与分享不断放大、不断强化。活动后的体验与触动不讨论、不分享，这些活动充其量只是个体的行为，不是团体的行为。团体中任何活动要发挥更大的效应，必须要通过小组讨论、交流与分享环节。

第六，沉默与不参与讨论。团体活动进行过程中，常常会出现沉默的现象。出现沉默的原因可能是成员担心说错话后被嘲笑，或者成员个性本身就比较安静，也可能是成员的思维游离在团体之外，在思考一些与团体无关的事情或者对团体领导者及成员缺乏信任感，所以沉默不参与讨论。这种情况下，团体领导者需要根据成员的特性，适当地进行引导，鼓励成员参与到团体中。如直接询问成员：“是否谈谈你的想法、发表你的意见”，也可以采用轮流发言的方式，提高成员的集体参与度，“现在轮到你发表看法了”。此外，还可以通过一些非语言的信息，如一个微笑，一个点头等来鼓励成员积极发言。

第七，移情与反移情。移情也是团体咨询中会遇到的问题。团体中的移情可能是成员对领导者，也可能是成员之间的移情。团体领导者及时识别移情及其表现，并充分利用移情增加团体的凝聚力，强化咨询与治疗的效果。反移情在团体咨询中，也是普遍存在的问题，团体领导者更多地关注某一个成员，或经常更愿意帮助某一个成员，甚至喜欢或不喜欢某一个成员，都是反移情。团体中，反移情会对团体领导者产生很强的负效应，破坏领导者形象，降低领导者影响力，从而影响咨询与治疗的效果。因此，团体领导者在团体咨询与治疗中要做到中立、不偏不倚和节制是十分重要的。

第八，团体领导者自己是否参与团体活动。一般而言，团体领导者不必与团体成员一起参与活动，这样更有助于领导者观察整合团体活动，尤其是开展多人数、多小组的团体。团体领导者不参与团体活动的优点在于：①以观察者的身份，密切观察团体成员所进行的活动投入程度及是否符合活动目标；②收集各小组成员在活动结束后小组讨论的内容，并给予及时引导；③避免团体领导者成为小组成员议论的话题或中心。团体领导者不与成员一起活动，并不代表领导者对活动不需要关注；在成员开展活动时，领导者不仅要积极关注，而且要同步体验，这样才能对团体活动开展的程度和影响力度作出及时准确的把握，以此作为焦点转移或深化的依据。当然，团体领导者不参与团体活动不是绝对的，如果成员对领导者的信任度不高，彼此关系比较疏远，或活动中需要领导者做一个示范等，或参与团体活动的成员人数为奇数时，在上述情况下，领导者可以与成员一起参与团体活动。

第九，团体成员情绪反应的处理。团体活动可能会激发某些团体成员的强烈情绪反应。遇到这种状况，领导者要根据成员情绪反应的强度、活动类型与团体目标，选择相应的处理策略及时处理成员的情绪。比如停止活动将焦点集中在这个团体成员身上，并与这位成员讨论他的情绪反应，或是让活动继续进行，同时让这位成员安静地在旁边观察与倾

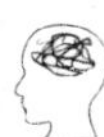

听，从其他成员对问题的讨论中学习。假如这位团体成员的情绪过于激动，也可以在保障人员陪伴下让这个成员暂时休息直到活动结束。

第十，有成员不参与团体活动。在团体过程中，团体领导者一般都期望所有的成员都能参与团体活动，但事实并非都是如此。有的时候，个别成员就是不愿意参与某一个团体活动或多个团体活动。针对这种情况，团体领导者应如何处理呢？领导者要认识到成员有不参与团体活动的权利，即使成员已经签好协议书。如果强行要求成员参与某个团体活动，会给成员造成被迫参加的不好感觉，反而影响咨询与治疗效果。如果团体中有多个成员不参加团体活动，团体领导者需要考虑以下可能性：①活动的选择是否有问题，如活动过多；②活动或游戏是否应用太多，过于娱乐；③活动是否与目标不匹配，或匹配程度不高；④活动的管理不到位，给成员产生不公平感；⑤活动规则不清楚。

（三）团体心理咨询的结束阶段

团体心理咨询的结束阶段是团体过程中的一个重要步骤，也是团体咨询的一个重要组成部分。结束阶段通过回顾、分享与总结，可以强化前面两环节所产生的积极效果，同时发挥着一系列积极的作用。有些团体领导者往往没有意识到其重要性，忽视结束环节的操作。结束阶段的目的是把重要的理念、决定和成员在团体中体验到的个人转变融合在一起。回顾团体经历、总结经验、交流感受、淡化忧伤、增进友情、交流计划、强化效果是这一阶段的目标。

1. 结束阶段的时间安排

团体心理咨询结束阶段的时间长短，取决于团体成员人数的多少、团体会期的长短、成员参与的深浅等因素，并与这些因素成正比关系，即团体成员人数越多，团体会期越长，成员参与越深，结束所花的时间就越长。一般而言，一个持续一两个小时会期的团体，结束的时间在 20~30 分钟左右；6~8 小时会期的团体，结束的时间在 40~60 分钟左右。

2. 结束阶段的具体操作

（1）回顾历程，分享感受。回顾历程，分享感受是强化咨询与治疗效果的重要环节，是结束环节操作的第一个内容。小组成员回顾一下自己参加的团体历程，主要包括：经历了哪些有意义的活动，有哪些难忘的感受，哪些活动触动自己内心。团体领导者也可以组织回放一些团体咨询过程中团体活动精彩的录像，让成员重新回忆与体验团体历程。接着，交流与分享自己在这些活动中的体验与感受。

（2）总结收获，发表感言。总结参加本次团体活动的收获，发表自己的感言是结束环节操作的第二个内容。团体成员参加团体咨询的收获是多方面的，有认知的，也有行为的；有情感的，也有思想的。在总结收获过程中，要求成员最后用“一句话感言”概括表达自己收获，如“参加本次团体咨询我最大的收获是我重新认识了自己”；“参加本次团体咨询我最大的感触是我要经常回去看看父母”；“参加本次团体咨询我最大的启发是人需要有明确的目标”；“参加本次团体咨询我最大的收获是人要不断自我反省”。“一句话感言”活动促使成员回顾、思考与提炼，小组全体成员发表各自不同的“一句话感言”会渲染温情气氛，强化咨询与治疗效果。

（3）梳理目标，制订计划。结合成员个人的实际情况，重新梳理自己的目标，并在此基础上制定个人的行动计划，并与小组成员交流。梳理人生目标、制订行动计划，是团体结束环节的第三个内容，也是最重要的内容。团体咨询是一个助人自助的过程，团体是个体成员改变的场所和起点，团体活动是个体成员改变的动力和催化剂。在经历团体咨询过程后，成员会站在新的视角和高度对自己的生活、工作和人生进行思考。领导者引导成员在思考的基础上，结合个人生活与工作的实际，帮助成员重新梳理人生目标，并根据人生目标形成一个具体的行动计划，是将团体中发生的触动、涌动和激动，产生的想法、启发和看法转化为实际的行动，使团体结束后能得以延续。如果没有具体的目标和行动计划，成员就没有改变的方向和依据。团体咨询的最终目的不仅是为了产生一些触动、改变一些落后的想法，而是要构建新的行为模式，行动计划则是新的行为模式蓝本。

（4）相互勉励，给予祝愿。在回顾、分享、总结和感言后，小组成员之间要开展相互勉励，给予成员一个美好的祝愿和希望。这个环节的操作形式：小组成员围坐一圈，某一名成员站到中央，逐一面向小组每一位成员。当转向其中某一位成员时，这位成员须立即起身，两眼注视着站在中央的成员，双手握住中央成员的手，同时给一句“最真诚祝福”或“最真诚希望”，表达自己最诚挚的祝愿，如“我希望你在今后的生活中更加独立”，“我祝愿你从今天开始工作有更大目标”；站在中央的成员说“谢谢”；最后小组全体成员给站在中央的成员“灌顶”，即全程成员的右手共同放在中央成员的头顶。小组成员相互勉励和祝愿是一个很好的仪式，它不仅可以增进友谊、强化凝聚力，而且淡化离愁别绪。“相互勉励，给予祝愿”活动的形式可以是多样的，如成员把对小组其他成员的“最真诚祝福”或“最真诚希望”写在纸上，然后贴在墙上。

（5）发放表格，评估效果。发放表格，评估效果主要是反映层次评估，发给成员事先打印好的评价表，让成员填写，当场收回。

（6）氛围温馨，冲淡伤感。团体咨询的整个过程很像一个大型演出，有开场、中场和最后的谢幕。最后的谢幕应该是演出的另一高潮。团体咨询的结束也应该有一个高潮。团体成员经过一段时间的触及内心、体验深刻的团体互动，以及直言不讳的交流、分享，相

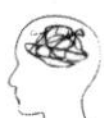

互之间建立了友谊，产生了情感。此时，突然要离别，难免会有些不舍和伤感。因此，在结束的最后环节，需要营造一个温馨、团结、友好和热烈氛围，冲淡离别的伤感。有经验的团体领导者十分重视团体结束方式，尽量为团体活动画上一个圆满的句号，让团体成员在温馨、积极、圆满的氛围中顺利结束。终结阶段的活动方式多种多样，可以播放一些温馨、美好的音乐；安排小组成员合影留念等，无论哪种形式都应该达到感受高峰体验、增进成员友谊、珍惜团体历程、强化咨询效果的目的。

3. **结束后的追踪工作**

团体心理咨询的真正目的是希望团体成员在团体中所学到的一切能扩大到生活领域中，长久地发挥积极影响。因此，衡量团体心理咨询的效果，不只看团体咨询结束时情绪表现和问卷反馈结果，最重要的是要看成员的行为是否发生改变。追踪是指团体咨询结束以后的一段时间内，持续与成员保持联系，督促成员按照计划去执行。追踪的方法要根据实际情况选择，目前主要有以下追踪：①电话追踪；②微信群或腾讯 QQ 群追踪；③定期聚会追踪。具体采用怎样的方式进行追踪，取决于领导者和成员对追踪方式的认可程度和熟悉程度。

第四章　心理压力的调控及其干预

第一节　心理压力的自我调控

心理压力具有普遍性，人生每个阶段、每个时间点都有压力的存在。在不方便得到专业人员帮助的情况下，如何排除压力带给我们的负面影响，无疑是每个人都应该关心的问题。另外，“心理健康素养是促进心理健康的重要途径”①。良好的心理健康素养需要人们学会自我减压。

自我减压要遵循一些基本原则。首先，要认识到自身压力的特点，并且找到与之适应的解决方法，才能真正解决好自我压力问题；其次，要积极寻求帮助，向家人、朋友求助来帮自己减压，不要把自己封锁起来；最后，要对压力有一个正确的态度，不可盲目悲观，要知道每个人都有压力，要正视压力并且努力解决压力问题。常用的心理压力自我调控方法具体内容如下：

一、心理压力管理的主要策略

（一）削减压力源

一个人感到有压力的时候，通常是由于某个人的改变、某件事情的发生或某个环境的改变导致的，如果能够消除压力源，压力也就自然而然地没有了。因此，要设法消除压力源或改变对压力源的回应。

（二）加强控压源

一个人的核心能力包括解决问题的能力、有效沟通的能力、保持灵活的能力、正面思维的能力、任务管理的能力和健康生活的能力等。一个人的核心能力越强，他的控压源就

---

① 明志君，陈祉妍. 心理健康素养：概念、评估、干预与作用［J］. 心理科学进展，2020，28（1）：1.

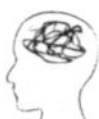

越强，其满意度也会慢慢提高。

（三）应对压力源

第一，发现。发现就是首先找出让人感到压力的原因，即找出压力源。

第二，区分。发现压力源后，要对压力源进行区分。在压力矩阵图中有两个关键因素：一个是优先级，另一个是可控性。个体要先分析压力源是否需要优先解决。首先，处理高优先级的压力源，随后再处理低优先级的压力源。所谓需优先解决的压力源，是指严重影响健康、严重影响职业发展，或者对生活、工作产生了极大的干扰的压力。其次，需要区分压力源的可控性，即是否有可改变的因素。需要注意的是高优先级、有可改变因素的压力源应最先处理，接下来依次是低优先级、有可改变因素的压力源，高优先级、不能改变因素的压力源和低优先级、不能改变因素的压力源。

第三，决定。对压力源进行区分之后，就需要决定应对的策略，即用怎样的方式处理不同区间的压力源。

第四，行动。处理压力源的最后一步就是采取行动，改变承受压力的现状。

（四）转变思维模式

一般而言，正确的认知会产生正确的态度，降低压力水平，引起积极的情绪，错误的认知则会产生相反的结果。心理学家认为一切错误的认知方式和不合理的信念是心理障碍、情绪和行为问题的症结。在现实生活中，由于不良认知而产生的烦恼经常可见。归纳起来，具体有以下情况：

1. 不良思维的常见模式

（1）非黑即白。非黑即白是一种非常普遍的思维方式。又称全或无思维，或走极端的思维、双极式思维、非此即彼思维。简单而言，就是把生活、社会的一些现象和事物看成要么全对，要么全错，绝无中间状态可言。毫无疑问，这是一种很容易让人产生痛苦、郁闷等负面情绪的思维模式。

（2）选择性消极注视。选择性消极注视指选择一个消极的细节，而忽略其他方面，以致觉得整个情境都染上了消极的色彩。拿出某一消极细节，对它念念不忘，而使现实情况变得暗淡无光。就像一滴墨水改变一杯水的颜色一样。

（3）以偏概全。以偏概全是一种不合理的思维方式，是思维活动中常见的错误。过分概括化是不合逻辑的。仅仅根据个别细节，不考虑其他情况，就对整个事件作出结论。

过分概括化的思维错误常见于对人的评价中。一方面，表现在对自身的不合理评价上，以自己做的某一件事或几件事的结果来评价自己整个人，评价自身的价值，如做错了某件事就认定自己“一无是处”；另一方面，表现在对他人的不合理评价上。合理的思维方式是评价某件事或某个行为，而不是轻率地对整个人的价值做结论，这样的思维方式才是理性的。

（4）应该倾向。应该倾向指个人常用“应该”或“必须”等词来要求自己和别人。如“我应该做到这个”“我必须做好那个”。这意味着个人对自己坚持一种标准，如果行为未达到这个标准，就会以“不该”这样的字眼责难自己，产生内疚、悔恨。如果别人的言行不合自己的期待，就会觉得很失望或怨恨。

（5）其他不良思维模式。

第一，任意判断，指缺乏事实根据，草率地下结论，也可称为“主观臆测”。

第二，过度引申，指在一个小小失误的基础上，得出关系整个人生价值的结论；贬低积极事物，夸大自己失误缺陷的严重性，而贬抑自己的成绩或优点。

第三，情绪推理，认为自己的消极情绪必然反映了事物的真实情况，情绪推理阻碍了对事物真实情况的了解，使人陷入认知曲解而不能自拔。

第四，乱贴标签，这也是一种以偏概全的形式，以为将自己的问题贴上一个标签就可以解决问题。

2. 不良思维模式的改变方法

不良思维模式的改变需要求助于专业技术的帮助。改变不良认知是认知疗法的核心部分。认知疗法的基本观点是：认知过程及其导致的错误观念是行为和情感的中介，适应不良行为和情感与适应不良认知有关。认知疗法常采用认知重建、问题解决等技术进行心理辅导和治疗，其中认知重建最为关键。

（1）三级专栏技术。三级专栏技术主要包括三个实施步骤：一是再认，即了解认知、认知效应和行为之间的内在联系；二是减少消极观念的“自我复制”；三是为扭曲性认知及其负面事例提供经验素材，以更多真实性或客观性解释替代消极认知。

在具体实施时，首先，通过训练试着与自我内部存在的问题进行交谈，然后把自己认为错误的观念写在记录纸上设计好的第一个栏目内；其次，从第一个栏目中甄选出符合认知理论所界定的扭曲性观念的有关内容，将之填写到第二个栏目内；最后，随着不懈努力、连续纠正自己的错误思想或消极认知，逐渐发现对扭曲性观念加以消除的理性反应，然后将之记录在第三个栏目内。如此一来，在记录纸上便真实地反映出个体所经历的认知变迁轨迹，从而帮助他们更好地理清逻辑，予以正向反馈和强化。

使用三栏目技术时应注意两点：第一，不要在心里做练习，动手较之动脑能达到更大

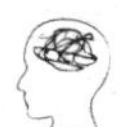

的客观性认识；第二，要坚持，认知改变不可能立即见效，需要长期操练。

（2）ABCDE 反驳记录。ABCDE 反驳记录是埃利斯（Ellis）设计出的一种理性情绪治疗的自助量表。量表中有 ABCDE 五项内容，五项内容均由当事人自己填写和完成。五项内容的基础是 ABC 理论。它们代表的内容是：A—诱发事件；B—当事人在遇到事件后的信念；C—当事人的情绪与行为的反应；D—对自己不合理信念的反驳；E—辩论后的情绪与行为变化。

完成作业时首先找出 A 和 C，然后再找 B。找 B 时可以对照前述不合理信念，找出符合自己信念的 B，如不属前述之列，可另外列出。接着再找 D，完成 D 的过程就是与自己不合理信念辩论的过程，也是进行心理治疗的过程。最后再填写 E，E 是经过自我辩论后的情绪与行为变化，这是对治疗结果的检验，如果变化明显，说明治疗有效，变化不明显，说明不合理信念仍在支配着当事人的情绪与行为，应继续进行治疗。

（3）正确归因。所谓归因，是对自己和他人的行为和表现的因果关系作出解释和推论的过程。人们在对成功或失败进行原因分析时，一般有五个常见原因：能力、努力、任务难度、方法、运气。不同的归因可以引起不同的情绪反应。总是将失败归因于客观因素，会形成凡事找借口的不良习气；总是将失败归因于自己又会产生过重的自责与负疚感。对他人的成功，人们常常归因于外因，对自己的成功，常常归因于内因，明显地表现出自我服务偏向和防卫性归因，目的在于维护自尊，减少不利事件对自己的威胁。正因为归因中存在许多错误与偏差，常常导致人际矛盾与冲突。因此，在社会认知中，应该警惕归因错误。

心理压力的“归因疗法”就是在心理治疗或咨询实践中，通过分析压力所产生原因的知觉，来控制和消除其不良情绪和行为反应的方法，它是由心理学中的归因理论发展来的一种心理治疗体系。由于归因是社会生活中普遍存在而又十分重要的认知现象，所以在心理学中归因疗法属于认知疗法的一种。任何心理疾病都和个体对其症状产生原因的不良知觉有关，所以自我心理压力调控的最基本的原则，就是采取可能的方法和手段，将自己的不良归因置换为某种中性的、无害的归因。

在“归因疗法”这种基本思想指导下，形成了两种运用归因理论的模式：一种是“真归因疗法”，即针对自己对压力的不准确的归因，分析作出准确的归因，这种方法是以假定本人的归因不准确为前提的。所谓不准确是指个体在作出自己的归因时，忽略了某些明显的、重要的信息。另一种模式是“误归因疗法”，即本人并未明显地忽略重要的信息，对自己压力原因的理解也没有明显的不当之处，但又觉得将其置换为某种虽然未必属实，但却对个人有益的原因更好，因而有意歪曲信息，作出虽然错误但却有益的归因。

（五）合理的情绪调控

1. 发泄不良情绪

发泄不良情绪即利用或创造某种条件、情境，以合理的方式把压抑的情绪倾诉和表达出来，以减轻或消除心理压力，稳定思想情绪。宣泄是一种释放，其作用在于把压抑在心里的愤怒、憎恨、忧愁、悲伤、焦虑、痛苦、烦恼等各种消极情绪加以排解，消除不良心理，得到精神解脱。

2. 找人倾诉

与朋友倾诉、交心对一个人的身心健康是非常重要的，所以当一个人遇到不顺心的事情，感到压力时，不要独自承受，应当多和信得过的知心朋友（父母、兄弟姐妹、老师、亲朋好友）交流谈心。个体可以在朋友面前倾诉病痛和委屈，也可以表达愤恨之情，以宣泄心中积压的不良情绪。

3. 听音乐

音乐减压操作起来非常简单，就是挑选合适的音乐用心欣赏就好。在日常生活中，可以选择以下时段来听音乐达到比较好的减压效果。

（1）早上起床的时候：可以用音乐来叫醒自己，这将是愉快一天的开始，在清晨听一些古典轻音乐特别有助于调节心情，也可以让一个人的头脑更加清醒。

（2）上下班的时候：上下班路上，在汽车里放几盘自己很喜欢的 CD，或是随身携带一个无线音乐耳机。音乐可以缓解烦躁、不安的情绪，特别是在交通阻塞的时候，人的情绪容易波动，如果这时能听听音乐、享受一段属于自己的美好时光，将会有一个不错的心情。

（3）睡觉的时候：现在的都市白领大多数都有睡眠困扰的问题，其实，在睡觉之前听听优美舒缓的音乐，能够很好地放松心情，失眠问题也将会得到有效缓解，以上是随时随地通过听音乐减压的方法，对环境没有特别的要求。

当然，如果个体内心压力特别大，那么，这时候最好找一个比较安静、不被打扰、光线不要太刺眼的房间，可以放上一些香薰，找一个舒服的位子躺着或者坐着，慢慢地闭上眼睛用心地聆听自己喜欢的音乐，让压力在声声旋律中得到消融，让心灵在音乐的海洋中得到抚慰和洗涤。

4. 自我暗示

自我暗示有如下作用：自己的声音、语调会对个体产生一种镇静作用，给人一种安全感；与自己大声对话可以有效整理紊乱的思绪，调整自己的情绪，在紧张、劳累、高压

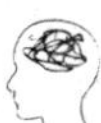

下，这种方法尤为有效；自我暗示能给人一种与朋友交谈的感觉，各自发表见解，在此过程中压在心里的石头可能会不翼而飞，达到一种减压效果；自我暗示也是一种适度的宣泄，可以缓解内心的压力和矛盾，使人心情舒畅；自我暗示可以有效地控制自己的情绪，当压抑已久的情绪即将爆发时，通过自我暗示，提醒自己应当保持理性，可以降低情绪反应强度；自我暗示还是一种有效的自我激励，例如用某些哲理或名言安慰自己，鼓励自己，面对压力自娱自乐，会使人心情向好的方面变化。总而言之，自我暗示可以给受到挫折的心灵以必要的安慰。

5. 书写和朗读

用写信、写作文、诗或写日记等方式，自己和自己交流，没有任何心理压力，许多不良情绪就在字里行间化解了。朗读也是一种很好的宣泄，如很有激情地朗读古诗词《将进酒》《赤壁怀古》等；或者是激昂的文章，当一个人高声朗读时，许多不愉快的情绪会随着诗文消融。

6. 呐喊和运动

当一个人因压力过大而感到苦闷时，找一个僻静无人的地方，大叫几声无疑一个很好的方法。到树林里、大海边，或没人的操场，大声呼喊释放，或高歌一曲，苦闷之情会烟消云散。

运动是另外一种宣泄。有了消极情绪，闷坐在房子里可能思想更加混沌不堪，到室外去打打球、跑跑步或爬爬山，呼吸一下新鲜空气，让怒气和痛苦随汗水一起流淌，心情就会开朗起来。

7. 大声哭泣

人在悲伤时不哭是有害身心健康的。流泪也是一种宣泄，无论是偷偷流泪还是号啕大哭，都能将消极情绪发泄出来。哭是释放不良情绪的最好方法，是心理保健的有效措施。人在情感激动时流出的泪会产生高浓度的蛋白质，它可以减轻乃至消除人的压抑情绪；哭还可以促进生理上的新陈代谢，把体内因紧张而产生的化学物质加快排出体外，从而缓解人的忧愁和悲伤。

（六）保持积极情绪

1. 注意观察自己的情绪

人是一定会有情绪的，压抑情绪反而带来更不好的结果，学会体察自己的情绪，是管理好自己情绪的第一步。情绪体察一般包括三个部分：第一，体察自己情绪的性质。自身的情绪是正面的还是负面的，如高兴或悲伤、平静或不安等。第二，体察自己的身体信号。任何一种情绪的发生都伴随有相应的身体反应。第三，体察自己情绪的强度。问问自己“我的情绪是强、是弱还是一般”，如非常高兴或极度悲伤，还是有一点高兴或一点悲伤等。

2. 主动接受自己的情绪

（1）用肯定的语气适当表达出自己的情绪，如“我感到……”每个人都会有情绪波动，不论是正面情绪还是负面情绪都要自我接纳，对负面情绪不应采取回避或抗拒的方式。

（2）分析原因。究竟是什么原因导致了这种情绪，若无法理清思路，不妨到心理老师那里咨询，寻求帮助。

3. 适时表达自己的情绪

例如，在与朋友聚会时，可以拒绝自己不赞成的提议，不用勉为其难地接受任何自己不认同的观点，否则不仅会影响自己的情绪，还会影响其他参与者。如何引导来访者“适当地表达自己”，需要咨询师用心地体会、揣摩，需要站在来访者的立场上来想问题，更重要的是，这些方法需要切实运用在生活中。

4. 积极面对自己的情绪

（1）拥有一颗感恩的心。懂得感恩更能感知到自己的幸福。因为感恩的心，如同聚焦镜，能把周围人们的关爱收集到自己的心里。在阳光之下，享受阳光带来的温暖；而在没有阳光的时候，会用蕴藏在心中的暖意为自己取暖，等待着阳光的再次到来。不妨经常问问自己，今天有哪些值得感恩的事情。

（2）储藏快乐。自身心情愉悦的时候，需要将其保留在大脑深处。这样，总是回忆使自身快乐的事情，就会更加快乐，并且更加自信。

（3）感受美好。学会用心感受生活，人们就会发现平淡无奇的生活，每天都充满了精彩。生活中，总是有人整日闷闷不乐，并不是因为生活真的有那么多烦恼，而是在于自己是否用心感受生活中的快乐，是否把焦点集中在生活中精彩的地方。如果一个人多关注生活中开心的事情，淡化悲伤的事情，那么也许会过得很开心，会发现每天都很有意义；如果一个人总是关注不开心的事情，而忽视了开心的事情，那么其心中就会布满阴云，久久挥之不去。

（4）感受崇高。崇高体验的特征：一是崇高体验是由衷的、诚挚的高尚体验，它摒绝一切矫饰和虚伪；二是崇高体验是遭受挫折的异常体验；三是崇高体验渗透着强烈的献身冲动；四是对崇高的感受是人的成长过程中一种重要的高峰体验；五是义务感和责任感是崇高的核心，人人内心中都有崇高的情绪，但通常被现实生活的琐事掩盖，应该时常注意自我关注和保持。

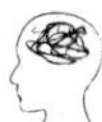

（七）放松身心的练习

人的生理活动与心理活动密切相连，放松练习就是通过生理机能的松弛练习来达到心理紧张的缓解与消除。放松练习所导致的松弛状态，可使大脑皮层的唤醒水平下降，通过内分泌系统和植物神经系统功能的调节，使人因压力反应而造成的生理心理失调得以缓解并恢复正常。

1. 冥想法练习

可以采用意境默想法缓解焦虑等压力所致不良情绪，先要采取卧或坐姿，然后闭目，调整呼吸，放松肢体，继之开始默想。

2. 肌肉放松练习

放松训练可以有效缓解焦虑情绪，具体方法如下：

（1）准备。坐在椅子上，脚掌着地，两臂自然下垂，闭上眼睛，然后腹式呼吸 3 次。吸气时注意体会各部位紧张感，呼气时注意放松、放松、再放松。

（2）背部放松。身体移至椅边，闭眼，注意背部的感觉。吸气后仰，伸展脊背至不舒服为止。再呼气、拱背，向前蜷缩双肩，然后下垂双肩，肩胛骨靠拢，并肩。轻轻地呼气，垂肩，反复做 3 遍。

（3）头部放松。呼气，下巴垂至胸前。吸气，头由重力自然支配右旋转，转到后背时开始呼气，向左经后背绕至胸前。先做 3 次右绕头运动，再做 3 次左绕头运动。注意右旋转式左侧脖颈舒展，向后转时，喉部肌肉舒展。

（4）面部放松。先吸气，面部肌肉向内收缩，将紧张压力集中在鼻尖上。然后呼气，口尽量张大，眉毛上挑，脸拉长，如同打哈欠状。

这套身心训练，随时随地都可以做，用两三分钟即可。通过自身的调节和对外部环境的控制与预防，从而可以在一定程度上确保个体身心健康发展。

3. 深呼吸放松法练习

用鼻子慢慢地吸气（心中默数一千零一，一千零二，一千零三），每次都舒适自如地让气充满肺部并且到达腹部。慢慢地用嘴呼气（心中默数一千零一，一千零二，一千零三），每次都舒适自如地把肺部和腹部的气完全呼出去。慢慢地重复五次。可以假想自己像一个气球，先用空气把这个气球充满，再把气放出来，轻轻地，慢慢地。

二、压力不良反应下的自我心理调控方法

“由心理压力导致的机体心理应激是多种疾病产生和发展的重要因素”①，学会正确认识、辨别压力后，个体应该能够应用所学的减压技巧，针对因压力出现的紧张、焦虑、恐惧、抑郁、冲动等不良情绪和行为，进行自我调控。

（一）紧张心理的调控

紧张心理是个体在面临危险、困境时出现的一种正常心理反应。紧张心理对人们的工作生活有积极作用，也有消极作用，适度的紧张能把个体能量充分调动起来，发挥出最大的潜能，过度的紧张就会引起心理活动失调，出现身体各个器官的不适症状。

1. 紧张心理的主要表现

（1）呼吸浅快，多汗，战栗，伴有肌肉紧张。

（2）食欲差、头痛、尿频、腹泻、恶心、呕吐等，严重的可出现心慌和呼吸困难。

（3）以前熟练掌握的技能暂时丧失，完成任务的信心不足，工作中出现的失误较多等。

2. 紧张心理的调控方法

（1）客观认识过度紧张。过度紧张一般是在危急情况下，个体对未来前景过分担忧引起的。无论从事多么危险的工作，无论身处多么危难的逆境，我们要做的是放下包袱，调整自我，始终保持心态平静。

（2）正确分辨躯体症状。紧张状态时的身体反应是心理问题的外在表现，通常人在长时间心理过度紧张而又无法排解时，就会以身体不适的方式表现出来。这类现象在日常生活中经常见到，如当我们心情不好时，食欲就会下降；压力大时，就会头痛、全身不适等。所以，我们在日常生活中出现身体不适，排除躯体疾病原因后，应考虑是否和紧张心理有关。

（3）及时倾诉感受。我们感到过度紧张时，可以找一个自己信赖的人，及时把内心的感受说出来，并听从对方的劝解。通过倾诉使紧张心理得到及时宣泄，避免心理问题向生理症状的进一步转化。

（4）学会转移注意力。在感到过度紧张时，不应总是将注意力集中于目前困境及各种不适症状上，而要将注意力转向身边的工作，如文件整理，卫生清扫等。

---

① 刘经健，冉凤英，罗丹等. 心理压力相关 miRNA 的研究进展［J］. 分子诊断与治疗杂志，2021，13（2）：337.

（5）主动接触。多与情绪稳定、意志坚定的人接触，用他们沉稳的情绪感染自己，积极的思维引导自己，乐观的精神鼓舞你。另外，还可以听听放松的音乐，读读激发斗志的书籍，参加一些文体娱乐活动等。

（二）焦虑心理的调控

焦虑心理是人类普遍共有的一种情感体验，一般指对未来产生不必要的担忧和恐惧，通常情况下无须处理，但过度、持久的焦虑会降低身体的协调性，对工作生活产生负面影响。

1. 焦虑心理的主要表现

（1）莫名其妙的烦躁或提心吊胆。

（2）不能集中精力工作，坐立不安，四肢不自主的颤抖。

（3）严重者惶惶不可终日，情绪不稳定，容易激动。

（4）易出现心悸、气短、口干等身体症状。

2. 焦虑心理的调控方法

（1）分析焦虑产生的原因。对自身焦虑情形越明确，我们体验到的焦虑感就越少。大家可利用“心理日记法”查找焦虑原因，缓解焦虑症状。找一个日记本，坚持每天记录，一天当中哪些时候感到焦虑；有怎么样的感受和想法；是否值得焦虑；采取了哪些行动等。把这些通通记录下来，然后对潜在焦虑因素逐个进行分析，最终明确原因。

（2）情景默想释放压力。在进行默想时，可以轻言自语，以帮助导入情景。

（3）放松训练缓解症状。放松训练是通过控制自身呼吸节奏或肌肉紧张松弛变化缓解焦虑症状的一种常用方法。最常用的方法是深呼吸放松法。

（4）语言暗示平衡心境。为减轻焦虑诱发的恐惧感，可以采用自我语言暗示的方法，增强战胜焦虑心理的信心，具体内容如下：

第一，现在的生活境遇让我感到担心，现在只想放松自己。

第二，我感到的焦虑不安不过是一种正常的心理反应。

第三，焦虑反应没有危害性后果，我仍然是一名优秀的员工。

第四，我能对付这种焦虑，心慌是焦虑的一个症状，不会导致不良后果，并不影响我正常学习、工作。

（5）自我鼓励巩固效果。经过自我调控，焦虑症状减轻之后，要及时巩固效果，可通过自我鼓励的办法，反复告诫自己。

第一，我依靠自己战胜了焦虑心理。

第二，我对付焦虑的能力越来越强。

第三，我现在有信心把当前任务更好地完成。

第四，我为自己的成熟和进步感到高兴。

（三）挫折心理的调控

挫折心理是指人们在日常工作生活中，遇到了无法克服或自以为无法克服的障碍和干扰，预期目标没有实现所产生的消极心理反应。因受多种条件限制，不可能每件事都尽如人意，难免会遇到挫折和失败，如不能正确面对将导致意志消沉、情绪低落。

1. 挫折心理的主要表现

（1）严重的自责感或负罪感。

（2）失望、痛苦、沮丧，甚至是意志消沉、不思进取。

（3）怀疑、敏感，自信心丧失。

2. 挫折心理的调控方法

（1）呼吸放松。在受挫感到痛苦时，往往会下意识地屏住呼吸，血液中的氧气含量减少，大脑供氧不足，影响正常思考能力，往往会作出一些不加思考的错误决定，如冲动、武断、盲从、拒绝执行命令等。此时，可以深深地吸几口气，平稳呼吸，一来有了思考的时间，二来也给大脑补充了氧分。

（2）合理宣泄。在感到痛苦、无奈时，可以采用以下几种方法宣泄情感。

第一，将自己的经历、想法、感受统统写出来，想到哪些就写哪些，不要考虑形式，也不管内容是否连贯，只要是想到的，都可以写。

第二，拿一支笔在一张纸上随意涂抹，说不定在解决情绪问题的同时，你能创作出一幅高水平的抽象画。

第三，可以跑上几圈，或做一些体力劳动，在肌肉的运动和舒畅的汗水中，让挫折感慢慢消散。

（3）自我激励。任何时候的自我鼓励都比外部的激励更可靠，因为只有自己最清楚哪些时候需要心理抚慰。

（4）面对现实。任何事情无论成功与否，是否如其所愿，我们都必须加以面对。在挫折面前，我们要善于总结经验教训，不断超越自我，成功总有一天会到来。

（四）多梦失眠行为的调控

多梦失眠是睡眠质量不佳引起的一种生理行为紊乱，多表现为无法入睡、多梦易醒

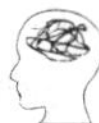

等。任何来源的压力都可能导致人们出现睡眠问题，进而影响精神状态。

1. 多梦失眠行为的主要表现

（1）入睡时间比以往推后 1～3 个小时，躺在床上翻来覆去想一些杂乱无章的事，心情久久难以平静，总体睡眠时间明显减少。

（2）睡眠质量差，夜间噩梦不断，醒后仍有疲劳感。

（3）缺乏睡眠的真实感，有的人虽然能酣然入睡，但醒后坚信自己没睡着。

（4）白天精力下降，昏昏欲睡，无精打采。

2. 多梦失眠行为的调控方法

（1）克服失眠恐惧。失眠虽然不好，但失眠本身对身体的影响远不如失眠恐惧造成的危害大。对失眠现象的恐惧与忧虑，往往会产生恶性循环，即失眠—恐惧—紧张—失眠加重—恐惧加重—紧张加重—失眠更重。因此，出现失眠问题时，只要能克服紧张恐惧心理，做到心身完全放松，即便是整夜不眠，也无大碍。

（2）微笑引导睡眠。平卧静心，面带微笑，做 6 次深而慢的呼吸后，转为自然呼吸。每当吸气时，依次将注意力集中到以下部位：头顶—前额—眼皮—嘴唇—颈部—两肩—胸背—腰腹—臀和大腿—双膝和小腿—双脚，并于每一次呼气时，默念“松”，同时将注意力集中部位进行放松。待全身放松后，就会自然入睡，必要时可重复两三次。

（3）逆向引导睡眠。如果因思绪杂乱无法入睡，不但不去控制“杂念”，反而要按着“杂念”去续编故事，故事的情节应使自己感到身心愉悦，并将篇幅编得越长越好。这样既可以消除对“失眠”的恐惧，也可使大脑皮层进入保护性抑制状态，促进自然入睡。

第二节 心理调控的基本内容

心理调控能反映个体对压力的积极预防与合理应对过程，因为，人的心理随着实践的发展而逐渐形成为一种具有多水平、多层次、多功能的反映活动系统。心理调控既有从无意识到有意识的不同水平，又有不同心理活动对环境和个体本身进行认识、预测、调节和控制的不同功能，使人在与环境相互作用过程中保持平衡。

心理调控是指在一定的思想体系指导下，有意识、有计划地预先采取相应有效的手段和方法，使心理达成预期的状态，并使预期状态根据意愿在一定时间段内得以相对稳定地保持，同时采取措施避免其他心理干扰状态的出现或加剧。

心理调控包含两层含义：一层是调；另一层是控。调是指调整心理干扰状态的出现或减弱其对预期心理状态的影响。控指的是达成预期的心理状态，并使预期状态根据意愿在一定时间段内得以相对稳定地保持。在这一定义中，突出强调了两点：一是心理调控必须要明确一个预期的心理状态，也就是心理调控所要达到的目标。这就为心理调控工作提供了目标和方向，所有的心理调控工作都要围绕这一目标来进行。同时也为评价心理调控工作的质量提供了评价标准和依据。二是强调心理调控工作必须在一定的思想体系指导下。进行心理调控工作不能像人们在日常生活中遇到各种压力所作出的自发的、朴素的行为反应。如果只是凭借一种主观感觉而没有深刻的理论基础来做心理调控工作，就会使心理调控工作缺乏力度和深度，在某些情况下甚至是盲目尝试，可能会引发反面效果。这一思想体系不仅包括心理学专业理论，而且还包括与心理发展有关的价值观念、伦理道德、传统文化等各种思想。

通过心理调控提高个体心理素质，使人们具有很强的随机应变能力、优秀的心理稳定性、坚强的心理承受力，迅速消除心理障碍或问题，减少精神疾病的发生。

一、心理调控的研究内容

心理调控研究应该着眼未来专科领域的发展需要，结合我国心理卫生工作的实际情况，从教育、评估、训练、干预以及压力心理损伤机制探索等多个方面展开工作。

（一）心理教育

科学有效的心理教育是心理调控的重要组成部分。通过心理教育可以广泛增强人们的心理素质，提高应对能力。在很多国家中，心理卫生服务人员都有较为丰富的经验，有行之有效的工作方法和途径，在普及心理卫生知识，提高公民心理素质方面发挥了巨大作用。我国心理服务工作人员在实际工作中要充当不同角色，心理教育只是他们关注问题的一小部分，而且在途径和方法上也非常局限，没有形成系统科学的心理卫生教育方案。

（二）心理评估

心理评估是心理调控工作的基础，心理教育、干预、训练等心理工作都必须以科学的心理评估结果为依据。经过心理专家多年的努力，我国心理评估工作有了长远的发展，目前已经应用于心理疾病筛查、人才选拔等各个领域。但心理评估的方法仍显单一，人才仍显贫乏，不能满足日益增长的人们对心理服务工作的需求。特别是在紧急心理危机评估方面更是缺少人才、装备和方法，要想提高心理调控工作的时效性，探讨一套简便可行的紧急情况下的心理评估方案是非常必要的。

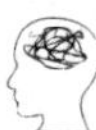

（三）心理训练

以人们心理机能为对象的训练方法古已有之。自从 2005 以后，学校、单位对心理训练工作也逐渐重视起来，组织参加各类心理拓展训练活动，各种心理拓展训练机构也应运而生。但有意识、有目的、有针对性地对个体心理过程和个性心理特征施加影响的心理训练目前还缺少经验。心理训练在具体的方法、手段和设备等方面仍需要继续探讨。

（四）心理干预

紧急心理干预已经成为灾难紧急医疗救援工作的一个组成部分，应该与整体医疗保障工作结合起来，以促进受灾群体快速恢复，根据整体医疗保障工作的部署，及时调整心理危机干预工作重点。紧急心理干预应以专业队伍为主，采用分级救治模式和留岗、休整、收治与后送的分类救治策略。

对有不同需要的群众应综合应用干预技术，实施分类处理，针对受助者当前的问题提供个体化帮助。紧急心理干预工作一旦进行，应该采取措施确保急救工作得到完整开展，避免再次受伤。从某种意义上来看，紧急心理干预是心理调控工作的核心工作，其时效性反映了整个调控工作组织实施的科学性和系统性，所以，不断总结经验吸取教训，提高心理服务队伍的紧急心理干预水平是我们研究的重点内容。

（五）心理压力损害的机制

灾难等压力事件作为一种特殊的、强烈的刺激对参与个体的心理冲击是巨大的，会在短期内导致心理稳态的失衡，产生心理应激损害。导致应激损害的机制是综合性的，包括心理中介机制和生理中介机制。虽然近年来关于压力相关心理损伤机制的研究是热点课题，也不断取得引人注目的成绩，但仍没有找到心理中介机制与生理中介机制的切合点，仍有许多未知的领域值得我们去探讨。

二、心理调控的基本理论

任何方法、手段都只有依靠强大的理论支撑才会有旺盛的生命力，否则就很容易成为无源之水，无本之木。心理调控工作的理论支撑主要包括行为主义、认知主义、人本主义等诸多理论。

（一）投射理论

投射一词在心理学上是指个人将自己的思想、态度、愿望、情绪、性格等个性特征，不自觉地反映于外界事物或者自身的一种心理作用，即个人的人格结构对感知、组织以及解释环境的方式发生影响的过程，该术语由弗兰克于 1939 年最先明确提出，但是在此之前已经产生了利用投射技术原理编制的投射测验，如 1921 年的罗夏墨迹测验。投射测验就是通过受测者对于这种结构不明确的、模糊不清的刺激的反应来分析、推断其相应的人格特征。有名的投射技术包括墨迹技术、主题统觉测验、填句测验、自由联想测验、画人测验、画树测验等。

投射法的具体做法是：向被试呈现一定的刺激材料，让被试加以解释或者要求被试们将这些刺激材料组织起来，其基本假设为：第一，人们对于外界刺激的反应都有其原因而且是可以预测的，不是偶然发生的；第二，这些反应固然决定于当时的刺激或者情境，但是个人本身当时的心理结构、过去的经验、对将来的期望，也就是被试整个的人格结构，对当时的知觉与反应的性质和方向，都会产生很大的影响；第三，人格结构的大部分处于潜意识中，个人无法凭借其意识说明自己，而个人面对一种不明确的刺激情境时，却常常可以使隐藏在潜意识中的欲望、需求、动机冲突等“泄露”出来，即把一个反映患者的人格特点的结构加到刺激上去。如果知道了一个人如何对那些意义不明确的刺激情境进行解释和组织，就能够推论出有关个体人格结构的一些问题。

投射是给人一个刺激，看这个人的反应，不同的人对同一个刺激作出的反应是不一样的，这种反应的差异是人的心理差异造成的，也就是人不同心理的一种投射。通过人们对同一刺激作出的不同反应来分析人们的内心世界。“相”指的是个人的形象和外界的表象，外在的“相”是内在的心理状态的反映，是一种投射。我们的心理状态会显现出与之相应的外界环境，包括周围的人际关系、物质环境和事业处境。这非常好理解，不同精神品质的人，其处境肯定也不一样。反之，不同的处境也能显示出人们不同的心理状态。

在心理调控工作中，投射理论的基本思想可以指导我们通过观察的“行为痕迹”对人们的心理状态有一个基本的了解，通过观察一些细节可以防微杜渐，起到很好的预防作用。

（二）社会学习理论

社会学习理论是由美国著名心理学家阿尔伯特·班杜拉提出的。社会学习理论着眼于观察学习和自我调节在引发人的行为中的作用，重视人的行为和环境的相互作用。班杜拉是探讨个人的认知、行为与环境因素三者及其交互作用对人类行为的影响。在班杜拉的认知中，行为主义的刺激—反应理论无法解释人类的观察学习现象。因为刺激—反应理论不能解释为什么个体会表现出新的行为，以及为何个体在观察榜样行为后，这种已获得的行为可能在数天、数周甚至数月之后才出现等现象。所以，如果社会学习完全是建立在奖励

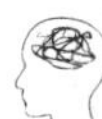

和惩罚之结果的基础上的话，那么大多数人都无法在社会化过程中生存下去。为了证明自己的观点，班杜拉进行了一系列实验，并在科学的实验基础上建立起了患者的社会学习理论。

社会学习理论是阐明人怎样在社会环境中学习，从而形成和发展人的个性的理论。社会学习是个体为满足社会需要而掌握社会知识、经验和行为规范以及技能的过程。班杜拉将社会学习分为直接学习和观察学习两种形式。直接学习是个体对刺激作出反应并受到强化而完成的学习过程，学习模式是刺激—反应—强化，离开学习者本身对刺激的反应及其所受到的强化，学习就不能产生；观察学习是指个体通过观察榜样在处理刺激时的反应及其受到的强化而完成学习的过程。如果人们只通过第一种方式进行学习，那是非常缓慢而费力的，有时还要付出很大代价。人类可以通过观察榜样进行学习，实际上人类的大部分行为是通过观察学习而获得的。正因为人类具有观察学习的能力，所以人们才能不依靠尝试错误，一点点地掌握复杂的行为，而很快地学到大量复杂的行为模式。由此可以看出，观察学习在人类学习中占有十分重要的地位。观察学习理论主要观点如下：

第一，强调观察学习在人的行为获得中的作用。认为人的多数行为是通过观察别人的行为和行为的结果而学得的。依靠观察学习可以迅速掌握大量的行为模式。

第二，重视榜样的作用。人的行为可以通过观察学习过程获得。但是获得什么样的行为以及行为的表现如何，则有赖于榜样的作用。榜样是否具有魅力、是否拥有奖赏、榜样行为的复杂程度、榜样行为的结果和榜样与观察者的人际关系都将影响观察者的行为表现。

第三，认为自我调节是个人的内在强化过程，是个体通过将自己对行为的计划和预期与行为的现实成果加以对比和评价，来调节自己行为的过程。人能依照自我确立的内部标准来调节自己的行为。按照班杜拉的观点，自我具备提供参照机制的认知框架和知觉、评价及调节行为等能力。患者认为人的行为不仅要受外在因素的影响，也受到通过自我生成的内在因素的调节。

总而言之，自我调节由自我观察、自我判断和自我反应三个过程组成，经过上述三个过程，个体完成内在因素对行为的调节。社会学习理论在心理调控工作中也有明显的指导作用。例如，树立精神榜样、奖励先进、惩罚违纪等方法都是让个体在观察学习中树立正确的思想和价值取向。

（三）身心交互作用理论

心理和生理是生命的两个方面。心理是指生命无形部分的结构和功能，生理是指生命有形部分的结构和功能。心理和生理的关系非常密切，可以说身和心之间存在着一种对应的关系。过去，我们经常在讲身体健康和心理健康，但总是把身心分开来讲，忽略了身心之间交互影响。实际上，生理和心理是浑然一体的，不能截然分开的，两者之间是相互影响的。

另外，中医认为如果人的情绪反应程度和持续的时间超过一定范围就会影响到身体健康，中医古籍《素问阴阳应象大论》中提到“喜伤心、怒伤肝、思伤脾、恐伤肾、悲伤肺”。常见的心血管疾病、消化性溃疡、糖尿病、哮喘、甲亢、失眠、神经衰弱等都与长期的情绪紧张有关。

（四）认知主义心理学理论

认知心理学是20世纪50年代中期在西方兴起的一种心理学思潮，20世纪70年代开始其成为西方心理学的一个主要研究方向。认知心理学研究那些不能直接观察的内部机制和过程，研究人的高级心理过程，主要是认知过程，如注意、知觉、表象、语言、记忆、思维、推理和问题解决等。人类行为基础的心理机制，其核心是输入和输出之间发生的内部心理过程。认知主义心理学有一些支派，很多心理学家都提出了各自的理论。例如皮亚杰提出“建构主义”理论、奥苏伯尔创立了“认知同化说”、西蒙、安德森、加涅提出的“信息加工理论”等。

现代认知心理学的核心思想是：人是一个信息加工系统。该系统的特征是用符号形式表示外部环境中的事物，或表示内部的操作过程。该系统能够对外部环境及自己的操作过程进行加工。从这一基本的理论框架出发，认知心理学企图研究人类智能的本质、人类思维过程的基本心理规律和根本特点。用信息加工的术语而言，就是研究人这一信息加工系统对信息的各种加工过程的规律、特点和本质，并以此加深我们对人类的知觉、记忆、思维等活动的认识与了解，进而利用这方面的成果更好地发挥人类认识世界的能力。

由于文化、知识水平及周围环境背景的差异，人们对问题通常有不同的理解和认知。所谓认知一般是指认识活动或认识过程，包括信念和信念体系、思维和想象。具体而言，“认知”是指一个人对一件事或某对象的认知和看法，对自己的看法，对人的想法，对环境的认识和对事的见解，等等。从社会心理学角度而言，认知是指个体对人、自我、社会关系、社会规则等社会学客体和社会现象及其关系的感知、理解的心理活动，即社会认知。情绪和行为的产生依赖于个体对环境情况所做的评价，而此种评价又受个人的信念、假设观念等认知因素的作用和影响。

认知疗法是20世纪70年代所发展起来的一种心理治疗技术，它是根据认知过程影响情感和行为的理论假设，通过认知和行为技术来改变来访者不良认知的一类心理治疗方法的总体。认知疗法不同于行为疗法，因为它不仅重视适应不良性行为的矫正，而且更重视来访者的认知方式改变和认知、情感、行为三者的和谐。

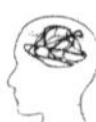

在认知主义理论的认知中，社会学习是主体内部心理结构的变化，重视人在社会学习活动中的主体价值，充分肯定了学习者的自觉能动性。它强调认知、意义理解、独立思考等意识活动在社会学习中的重要地位和作用。人的行为、情绪在很多情况下是通过对外界环境和自己的认知改变而发生改变的。人不是被事情本身所困扰，而是被其对事情的看法所困扰。外部事件本身不一定会必然引起的人的某种情绪反应，人们如何解释和评估外部事件对自身的意义才会引起情绪反应。换言之，左右我们情绪的不是事件本事，而是我们对事件的认识、看法。我们对同一件事情的认识、看法不一样，导致的情绪也不一样。通过调整认知来管理情绪是基于这样一种信念：情绪是伴随人们的思维而产生的，情绪上或心理上的困扰是由于不合理的、不合逻辑思维所造成。

因此，当个体受到情绪困扰的时候，要意识到是自己持有的思想观念、对事情的认识看法不合理造成的。因此，需要帮助有情绪问题的个体以合理的思维方式代替不合理的思维方式，以合理的信念代替不合理的信念，从而最大限度地减少不合理的信念给情绪带来的不良影响，通过改变认知，来帮助个体减少或消除已有的情绪障碍。改变认知这种方法是进行心理疏导的重要方法之一。在这里需要特别着重指出的是，人的心理是一个有层次的系统结构，以理想、信念、世界观等为核心的价值观念体系，是心理结构的最高层次，它驾驭和调控着人的心理和行为，所以价值观、思想信念、伦理道德的教育应该放在所有心理调控工作中的首要位置。

（五）行为主义心理学理论

行为主义心理学是在机械唯物主义和实证主义的哲学基础上，在动物心理学和机能主义心理学的影响下，产生的现代心理学派别。行为主义心理学的创始人是美国的心理学家华生，在华生的认知中，行为是有机体用以适应环境变化的各种身体反应的组合，是有机体用来适应环境的反应系统。华生在其《行为：比较心理学导论》一书中写道："人和动物的全部行为都可以分解为刺激与反应。"他认为最基本的刺激—反应联结叫作反射。不管多么复杂的行为都只是一套反射而已，而反射就是刺激与反应的联结。

华生曾把人的反应区分为外观习惯反应（如开门、打球）、内隐习惯反应（如思维，即无声语言）、外观遗传反应（如眨眼、抓握）和内隐遗传反应（如内分泌腺的分泌）。华生把心理或意识归结为内隐而轻微的行为。他指出，一向认为纯属意识的思维和情绪，其实也都是内隐和轻微的身体变化。情绪是身体机构特别是内脏和腺体的变化，是身体对特定刺激作出的反应，是内隐、轻微行为的一种形式。

行为主义认为人的所有行为（包括思维和情绪）都是通过学习获得的，其中强化对该行为的维持、巩固和消退起决定性作用。强化可采取给予或撤除奖励的方式，也可采取给予或撤除惩罚的方式。虽然许多与情绪反应相联系的行为和习惯可能是应答性条件作用的结果，但在人们普遍的观点中，人类更大范围的行为类型是通过操作性条件作用过程获得的。

操作性条件作用又叫工具性条件作用，它的关键之处是有机体（动物或人）作出一个特定的行为反应，这个行为反应导致环境发生某种变化，即发生了一个由有机体引起的事件。这个事件对有机体可能是积极的，有适应价值的，也可能是消极的，有非适应价值的。不管是哪一种，这个事件都会对有机体继后的反应有影响，如果事件具有积极价值的话，有机体会倾向于作出同样的行为，如果具有消极价值的话，则会抑制该行为。这自然是一种学习，通过这种过程，有机体“知道”了行为与后效的关系，并能根据行为后效来调节行为。既然人们的行为是由行为的后效来塑造的，那么，有意识地设置一些环境条件，使特定的行为产生特定的后效，就可以人为地控制、塑造行为。操作性条件作用塑造行为的原理就在于此。

行为主义心理学家们通过很多实验验证了人和动物共有的学习规律。这些规律被后人有效地运用到行为塑造过程中，常见的方法有系统脱敏疗法、松弛疗法、厌恶疗法等，这些方法的核心均在于利用控制环境和实施强化使人们习得良好行为，矫正不良行为。

（六）人本主义心理学理论

人本主义心理学主要来自两个领域：一是在欧洲影响广泛的存在主义哲学，二是美国心理学家，特别是卡尔·罗杰斯、亚伯拉罕·马斯洛的研究。

人本主义理论的理论基础是人应该对其行为负主要责任。虽然我们有时会对环境中的某些事件自动地作出反应，有时会受无意识冲动的驱使，但是我们有能力决定自己的命运和行动方向，因为我们有自由意志。卡尔·罗杰斯早期做心理治疗师的失败经历使他意识到，治疗师不能替来访者决定他们的问题是哪些，如何去解决。治疗者要耐心倾听来访者进行的自我探索，不随便打断对方的话，要分析来访者陈述的内容，但不下诊断结论。治疗者应当以平等的身份来鼓励来访者说出自己的感受，让来访者依靠自己的力量逐渐了解自己并想出适当的办法来解决自己的问题。

在人本主义的认知中要理解人的行为，必须理解人所知觉的世界，即必须从行为者的角度来看待事物，要改变一个人的行为，首先必须改变其信念和知觉。人本主义者特别关注个人知觉、情感、信念和意图，认为它们是导致人与人的差异的“内部行为”。以人为中心的心理治疗是罗杰斯对心理学的一大贡献。罗杰斯认为，治疗师的工作就是为来访者的成长创设恰当的氛围，这可以通过许多办法来实现，例如与来访者建立真诚的关系，无条件的积极关注，帮助来访者听他们自己说的话等。罗杰斯的这些心理学思想可以很好地运用到以人为本的管理工作中去。

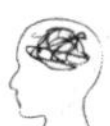

人本主义理论的代表人物是马斯洛，他认为个体成长发展的内在力量是动机。而动机是由多种不同性质的需要所组成，各种需要之间，有先后顺序与高低层次之分；每一层次的需要与满足，将决定个体人格发展的境界或程度。马斯洛认为人类行为的心理驱动力是人的需要，马斯洛将需要分为五个层次，包括：第一需要是生存需要，包括衣、食、住、行、性，这是人类最基本的需要；第二需要是安全需要，包括职业安全、政治安全、劳动安全、人身的安全；第三需要是爱和归属的需要，包括自己能够参与的一些社交活动；第四需要是尊重的需要，包括自尊的需要和受他人尊重的需要；第五需要是实现自我价值的需要，包括实现个人理想和抱负。

例如，当自己作出成绩时，需要群体的肯定与认同。但如果无法满足自尊和被别人尊重的需要，人们一般会产生自卑、无助、沮丧的情绪。这五个需要从低级到高级发展，人在满足高一层次的需要之前，至少必须先部分满足低一层次的需要。人都有爱与被爱两种基本需求。如果它们不能得到满足，人就会产生焦虑、自暴自弃等消极情绪反应，并可能产生逃避现实、不负责任的欲望。

职业应该为个体成长和高层次需要的满足提供机会。除了金钱以外，工作应该满足归属与爱的需要、自尊和受到他人尊重的需要。马斯洛提出了一种精神健康的管理，这种管理通过对组织的调整，帮助职员满足高层次的需要。通过改善工作环境，给员工向上发展的空间等方法，使职业能够满足员工更多的需要，并培养他们一种归属感和主人翁感。

以上探讨了心理调控最常用到的、最主要的心理学基础理论。除了这些理论之外，当然还会有其他一些心理学流派的观点，在这里不能面面俱到地阐述。随着心理调控理论与实践的发展，新的理论观点也会与时俱进，不断产生出来。

三、心理调控的主要原则

心理调控应该按照平时或紧急情况下的需要，采取相应措施帮助恢复人们的心理机能平衡，减少心理问题及后期延迟性心理反应的发生率。心理调控工作是一项复杂、系统的工作，具有很强的科学性、知识性、专业性和技术性，在实际开展过程中，必须采取科学的方法和态度，还要遵循心理调控自身所特有的原则。

（一）全体性原则

全体性原则是指心理调控工作要面向全体受到事件影响的群体，所有人都是心理调控的对象和参与者。心理调控的设施、计划、组织活动都要着眼于全体人群的发展，考虑到绝大多数人的共同需要和普遍存在的问题，以绝大多数受影响者的心理健康水平和心理素质的提高为工作的基本立足点。

（二）保密性原则

保密性原则主要是指在心理调控过程中，工作人员有责任对服务对象的个人情况以及谈话内容等予以保密，服务对象的名誉和隐私权应受到道义上的维护和法律上的保障。保密性原则是心理调控工作中极其重要的原则，是建立相互信任关系的心理基础。当然，保密也不是绝对的，在某些特殊情况下，为了服务对象的利益或免受伤害，个别情况应该特殊对待。

（三）预防性原则

居安思危、未雨绸缪的预防性原则是心理调控的首要原则。在人们未出现心理问题之前，有计划、有步骤地进行系统的心理保护，使之心理素质得到提高，从而减少或避免心理疾患的产生。这就要求我们心理调控的各项工作必须具有前瞻性和积极主动性。

（四）人性化原则

心理调控必须坚持人性化原则，坚持以“人”为核心。所谓人性化原则是指心理调控工作以所服务的人为主体，所有工作要以为其服务为出发点，要使被服务者的主体地位得到实实在在的体现，把心理工作者的心理辅导和被服务者的积极主动参与真正有机结合起来。如果服务对象没有主动意识和精神，处在被动的地位，心理调控就成为一种强制性行为，变得毫无意义。

四、心理调控的相关内容

心理调控工作具有阶段性特征，根据压力心理损伤发生的演变规律进行适当、适时的调整和干预，主要包括以下内容：

（一）心理预防的内容

人的心理承受能力与心理素质成正比，对同等强度的刺激，心理素质越高，心理承受能力就越强，所感受到的心理压力越小。心理素质是人的整体素质的组成部分。以自然素质为基础，在后天环境、教育、实践活动等因素的影响下逐步发生、发展起来的。心理素质是先天和后天的结合，是情绪内核的外在表现。

心理素质是在遗传基础之上，在教育与环境影响下，经过主体实践训练所形成的性格品质与心理能力的综合体现。其中的心理能力包括认知能力、心理适应能力与内在动力。对内制约着主体的心理健康状况，对外与其他素质一起共同影响主体的行为表现。平时采

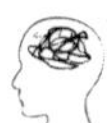

取一定的方法手段，有目的、有计划地对个体的心理进行评估并施加影响，可以增强个体在遭受压力情景下心理应激反应的免疫能力，有效减少各类心理损伤和疾病的发生。

1. 进行系统性心理筛查

系统心理筛查可以判断个体目前的心理健康状况，为其调整心理状态提供依据，如果个体的心理状态严重偏离心理健康标准，就要及时就医，以便早期诊断与早期治疗。

在心理压力条件下，有相当一部分的心理损伤是由于个体心理素质过差或本身患有心理疾病引起的。所以，个体在进入某一特定的心理压力/应激环境前，专业人员应采用心理晤谈、量表测试等形式进行全面、系统的心理筛查。筛查内容主要包括适应能力、性格偏差、心理疾病等项目。心理筛查结束后应形成书面评估报告，分析个体的心理素质情况，提出心理调控建议，如心理倾向性问题、强化心理素质的方案、需要重点关注的对象等。

2. 进行针对性心理教育

心理教育是心理素质教育与心理健康教育的简称，它是教育者运用心理科学的方法，对教育对象心理的各层面施加积极的影响，以促进其心理发展与适应、维护其心理健康的教育实践活动。心理教育目标是培育良好的性格品质、开发智力潜能、增强心理适应能力、激发内在动力、维护心理健康、养成良好行为习惯，即育性、启智、强能、激力、健心、导行。

针对压力条件下个体可能产生的心理问题，设置相关教育内容，如地域自然环境等可能对个体带来的心理影响，压力强度与个体承受能力对比，自信心、社会、家庭支持情况，可能出现的压力刺激预期，心理调控常用方法和技巧等。通过教育使个体提高心理调控阈值，增强面对各种复杂情况考验的心理准备，预防或减少心理障碍的发生。

3. 进行实战性心理训练

心理训练是采用专门仪器和手段，改变人的某种心理状态，以达到适宜强度、最佳状态的过程。最早出现在病理治疗领域，后广泛应用于体育运动。1932 年德国病理学家舒尔茨开创自主训练，即通过催眠性言语暗示、肢体松弛方法等对自身本体状态进行自我约束的调整练习，改变本体生理、心理状态，达到自我控制、自我调节。取得心身双修的效果。

实战性心理训练是指运用心理学原理，创设特定条件，磨炼人们优秀心理品质的一种训练手段。

4. 进行社会性心理支持

社会性心理支持指的是一组个人之间的接触，通过这些接触，个人得以维持社会身份并且获得情绪支持、物质援助和服务、信息与新的社会接触。一个人所拥有的社会支持网络越强大，就能够越好地应对各种来自环境的挑战。个人所拥有的资源又可以分为个人资源和社会资源。个人资源包括个人的自我功能和应对能力，后者是指个人社会网络中的广度和网络中的人所能提供的社会支持功能的程度。

对那些社会性心理支持不够或者利用社会性心理支持能力不足的个体，专业心理干预人员致力于给患者们以必要的帮助，帮助患者们扩大社会网络资源，提高其利用社会网络的能力。如在个体经历某种巨大压力前，在条件允许的情况下可适当满足部分需求，帮助患者们与主要社会关系成员取得联系，如父母、妻儿等。通过与家人沟通解除后顾之忧，稳定其情绪，增强其信心。

（二）心理救治的内容

在经历压力刺激后，个体心理问题陆续暴露，心理疾患人数增多。特别是在重大事件（如事故等）应激刺激下，容易出现大批由于巨大心理压力冲击而出现的心理损伤者，而且由于人群相对分散，不易集中，心理调控工作应紧跟救援节奏，争取第一时间对心理损伤人员提供心理帮扶和支持。

1. 迅速提供信息，稳定心理状态

在经历重大事件过程中，让经历者始终了解和掌握事件进程、政府态度、即将采取的救援手段等，能够满足他们的知情需求，有效消除迷茫、恐慌心理。但由于个人对信息解读和判断能力的差异，将全部信息真实公布，有可能对个别人的心理造成影响。所以信息公布的基本原则是：尽可能提供全面准确的信息；尽可能提供有利于鼓舞士气的信息；尽可能以人们易于接受的形式提供信息。

2. 展开心理互助，强化心理归属

经历者之间的相互信任与鼓励能够有效化解各类心理危机。在紧急心理救治过程中，应成立心理互助小组，小组成员相互支持、紧密合作，共同应对各种心理困境。当某位经历者的应激水平过高，出现心理问题时，小组成员应当及时给予情感抚慰和精神支持，通过解释、疏导、安慰、启发、鼓励等方式，使其尽快调整心态，走出阴影；当小组成员出现重度心理损伤时，其他人员应尽早发现，及时上报，使其心理疾患得到妥善处理，进而防止个体心理问题对其他人员产生影响。

3. 增强生活保障，增强安全感受

实践证明，一顿及时的热饭菜都能够给灾难经历者以莫大的心理安慰，其发挥的作用不亚于专业的心理医生。因此，要创造一切条件，改善经历者生活，确保他们吃好、睡好，缓解高强度应激和恶劣生存环境带给灾难经历者的心理压力。在救灾过程中，可根据

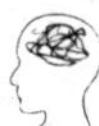

需要安排组织丰富多彩的文娱活动，如打扑克、读书、听音乐、文艺演出等，调剂单调、枯燥的生活，增强他们内心的安全感。

4. 落实心理救护，护送危重病员

针对心理反应明显的经历者，各级心理调控专业人员应该应用心理压力紧急心理干预技术快速展开心理急救工作，使之最终战胜危机，重新适应生活。症状较轻的，可以通过鼓励安慰、宣泄疏导，补充饮食、水分和睡眠等帮助恢复；症状严重的，及时护送后方医院系统进行治疗。

（三）心理康复的内容

重大事件后，部分经历者难以走出灾难阴影，容易继发持久而强烈的心理障碍，出现茫然失措、激动、易怒、多疑、固执等非理性情绪和思维，对正常生活产生影响。此时，心理调控工作的重点应放在帮助其调整心态、寻找归属、释放压力、回归正常上来。

1. 进行情感支持

专业心理调控人员应发动家庭成员、社会关系进行谈心交流，增进彼此感情。对出现心理问题的经历者给予更多体贴和关怀，及时给予他们理解、尊重、支持和开导；积极帮助经历者联系家人、朋友，必要时可以开展家庭团体治疗，通过情感的关怀缓解不良心理反应。

2. 进行压力测试

针对重大事件后经历者心理出现倾向性问题和共性表现，积极给予心理干预，如开设心理教育课堂，讲授应激后抑郁、焦虑等不良心理和行为的应对技巧；设立专门心理咨询门诊，定期进行心理普查，开展个体心理咨询，帮助经历者尽快缓解压力、平复心态；加强重性心理疾患监护、治疗和管理，运用专业技术手段进行系统康复。

3. 进行恢复训练

重大事件强烈的心理刺激和创伤，有时会造成个别经历者丧失工作技能和社会适应能力。针对这部分人员，应进行工作和社会环境的再适应训练，如：认知训练、自我控制训练、应对策略训练、人际交往训练和社会工作技能训练等。

第三节　心理危机及其干预措施

进入现代社会以来，灾难不但伴随着人类进步的历史，而且伴随着每个人的生命历程。灾难发生后，生存环境的破坏、躯体的伤残或许在短期内能够得到改善，由此引发的心理危机可能给个体和社会带来严重而持久的影响。因此，心理危机干预问题，已逐渐成为全世界关注和重视的课题。

危机有两种含义：一是出乎意料的重大事件，二是指人所处的紧急状态。当个体遭遇重大问题或变故使个体感到难以解决、难以把握时，平衡就会打破，正常的生活受到干扰，内心的紧张不断积蓄，继而出现无所适从，甚至思维和行为的紊乱，进入一种失衡状态，这就是危机状态。危机意味着平衡稳定的破坏，引起混乱、不安。危机出现是因为个体意识到某一事件和情景超过了自己的应付能力，而不是个体经历的事件本身。

“在现代社会背景下心理危机具有新的内涵和特征表现，其成因也有着新的时代特点”。[①] 心理危机一般指心理的一种严重失调状态，心理矛盾激烈冲突而难以解决，也可以指心理面临崩溃或失常，还可以指发生精神障碍。一个人出现心理危机时，当事人可能及时察觉，也有可能后知后觉。一个自以为遵守某种习惯行为模式的人，也有可能存在潜在的心理危机。染有严重不良瘾癖的人，常常潜伏着心理危机。当戒除瘾癖时，心理危机便会暴露无遗。另外，“心理危机干预实际上并不一定都是线性发展过程”。[②] 危机事件的发生会引起个体的应激反应，如若处理不当则可能引发创伤性应激障碍，威胁到个体的身心健康甚至生命安全，因而理解危机事件与应激反应，采取有效的措施进行干预是尤为必要的。

美国心理学家卡普兰首次提出心理危机是个体面临突然或重大的生活遭遇时所出现的心理失衡状态。在危机发生前，正常人处于平衡状态，这时我们会有这样的感觉：一切都在我的控制中；一切都是可预测的；世界总体上是公正和公平的；我的生活是有意义的、有价值的；我是坚强的，不脆弱的。如果我们这样想，我们便有充分的安全感。这些是所谓的“安全感错觉”，因为严格意义上而言，人不可能控制生活，世界也并不是可预测的，世界也并不那么公正和公平，生活并没有切实的意义，人类是脆弱的。但当我们处于“安全感错觉”中时，我们便得到了安全感。

在危机事件引发的恐惧反应之后，经历者便进入脆弱状态，有两类典型的表现，一种是侵入性的画面、观念等，一种是回避的行为。如果经历者能纠正自己的歪曲认知，得到充分的社会支持，并具备良好的应付机制，那么就可以成功地从危机中度过，恢复正常，甚至超越自己。一般而言，严重的危机都要经过至少一两个月才能完全走出来。如果长时间不能从危机状态中出来，则会出现各种心理障碍。

---

① 陈道明．当代社会心理危机及其干预［J］．学术交流，2010（4）：40.

② 高雯，董成文，窦广波等．心理危机干预的任务模型［J］．中国心理卫生杂志，2017，31（1）：89.

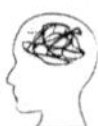

一、心理危机的主要特征

现实生活中的危机涉及面很广泛，既有不同群体的各种不同危机，也有同一群体不同时期的同一危机。不同的心理学家对危机具有哪些特征持不同的观点，归纳起来，主要有以下特征：

（一）普遍性特征

心理危机的产生、发展及激化经历着复杂而微妙的心理过程。几乎每个成长中的个体都不同程度地经历过心理危机，但心理危机并非必然导致极端行为。事实上，心理危机并不像我们想象的那样神秘，它就在我们身边，甚至正存在于某些人的心里。心理危机从一定意义来看，是每个人成长过程中都会遇到的事，没有人能够幸免。虽然在人生中危机是不可避免的，但是只要我们把握机会、设定目标、形成计划、妥善处理，是可以渡过危机的。

（二）机遇性特征

危机意味着风险，又蕴藏着机遇。一方面危机是危险的，因为它可能导致个体严重的病态，包括对他人和自我的攻击；另一方面危机也是一种机会，因为它带来的痛苦会驱动当事人寻求帮助，解决问题，从而使自己得到成长。在危机状态下，如果个体成功地把握了危机或及时得到了适当、有效的心理危机干预或帮助，个体可能就学会了新的应对技能，不但重新得到了心理平衡，还获得了心理上的进一步成熟和发展。危机的成功解决能使个体从危机中得到对现状的真实把握，对过去冲突的重新认识，学到更好地处理将来危机的应对策略和手段，这就是机会。没有危机，就没有成长，如果当事人能够有效地利用这一机会，就会在危机中逐步成长并达到自我完善。

（三）复杂性特征

心理危机是复杂的，可以是生物性、环境性和社会性危机，也可以是情境性、过渡性和社会文化结构性危机。而造成危机的原因可能是生理的，也可能是心理的和社会性的。另外，由于个性不同，个体面临危机也会采取不同的反应形式。例如：有的当事人能够自己有效地应对危机，并从中获得经验，使自己变得成熟；有的当事人虽然能够渡过危机，但并没有真正地解决问题，在以后的生活中，危机的不良后果还会不时地表现出来；而有的当事人在危机开始时心理就崩溃了，如果不提供及时、有效的帮助，就可能产生有害的、难以预料的后果。一旦危机出现，便会有很多复杂的问题卷入其中。

（四）动力性特征

伴随着危机，焦虑和冲突总是存在的，这种情绪导致的紧张为变化提供了动力。也有人把危机看作成长的机会或催化剂，它可以打破个体原有的定式或习惯，唤起新的反应，寻求新的解决问题的方法，增强挫折的耐受性，提高适应环境的能力。例如，对药物成瘾、网络成瘾的治疗，患者们将问题拖延到较为严重的程度，以至于治疗者不得不将问题分步处理。个体在成长和追求的同时，也意味着带动一个可能受挫的机制，如能及时调整，适应变化，则能形成动力，促进心理健康发展。

（五）困难性特征

当个体处于危机中时，其可供利用的心理能量降到最低点，有些深陷危机的个体拒绝成长，危机干预者需要帮助处于危机中的个体重建新的平衡。这就需要运用专业的心理学支持，常用的方法有支持治疗、认知领悟疗法、家庭治疗、合理情绪疗法等。但无论哪种方法，都有其独特的适用范围，没有治疗心理危机的通用方法。另外，还有些危机愈后容易反复，治疗起来有一定困难。

二、心理危机的影响要素

（一）创伤的严重程度

第一，自然情境。出乎意料的重大事件，如灾害、疾病传播、恐怖事件，刺激强度极大，在很短时间内导致个体出现心理失衡，甚至紊乱，进入心理危机状态。

第二，生活事件。1967 年，美国霍姆斯（Holmes）和瑞赫（Rahe）编制社会再适应评定量表，量表中列出了 43 种在人们日常生活中可能遇到的事件，并将其称为生活事件，每种生活事件标以不同的生活变化单位，用来评价个体所遭遇的应激强度。霍姆斯早期的研究及此后的众多研究均证实生活变化单位与个体患病呈正相关，但相关系数不高；生活事件评价方式忽视了生活事件对个体的意义，以后的一些研究采用由被试按事件对自己的影响程度进行评分，这样的研究增加了生活变化单位和个体患病的相关性。

第三，琐事积累。在日常生活中，除了上述严重事件外，人们更容易遭遇的是日常琐事，如工作负荷增加，经济水平不遂意，同事关系难以相处，夫妻关系不佳，对居住环境不满意，自由支配时间可能减少，孩子的教育问题等，如果这些琐事使人感到烦恼，而在生活中此类烦恼增加到一定数量将导致个体进入心理危机状态。

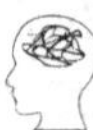

（二）个体的易感性

第一，人格缺陷。存在以下人格缺陷的个体在面对难以抗衡的压力时更容易陷入心理危机状态：一是情绪稳定性差，情绪波动性大，容易在困难和挫折面前失去信心；二是过多考虑自己的感受，常觉得人生不如意，沮丧悲观，自觉不如别人，缺乏信心；三是思想比较保守，不愿接受挑战，墨守成规；四是自我克制能力较差，对人常有戒备心理。

第一，心理脆弱。心理脆弱、韧性差是个体容易陷入心理危机的重要心理基础之一。心理脆弱者在和他人面对同样的压力时不能应对自如，自觉不堪重负，一旦压力超出承受范围即陷入崩溃状态。

第三，认知偏差。认知的结果并非完全反映客观现实，人们产生的认知结论常常与自己的认知特征相关，所谓“仁者见仁，智者见智”就是这个道理。自我中心、以偏概全以及认知僵化等不良认知，使个体在挫折面前不能想出有用的解决问题的办法，而逐步使心理进入失衡状态。

第四，成长经历。一个人社会化的过程非常重要，不良社会化会影响个体行为方式、心理韧性和道德水平。一个在溺爱家庭环境中长大的孩子，往往依赖性强，自我中心，抗挫折能力差，一旦遇到生活压力则无所适从；一个在过于严厉管教的家庭环境中长大的孩子，自信心差，自我评价低，遇事喜欢从阴暗面考虑问题，遇到挫折容易引发心理危机；一个在动荡家庭环境下成长的孩子，自卑感强，容易对人、事产生敌意，情绪控制能力差，易暴躁冲动。

（三）社会支持情况

所谓个人的“社会支持系统”，指的是个人在自己的社会关系网络中所能获得的、来自他人的物质和精神上的帮助和支援。一个完备的支持系统包括亲人、朋友、同学、同事、邻里、老师、上下级、合作伙伴等，当然，还应当包括由陌生人组成的各种社会服务机构。每一种系统都承担着不同功能：亲人给我们物质和精神上的帮助，朋友较多承担着情感支持，而同事及合作伙伴则与我们进行业务交流。社会支持系统对个体身心健康都具有增进和维护作用，社会支持系统良好的个体能够保持较好的心理健康状态。

三、心理危机的发展阶段

心理危机具有时限性，大多在 1~6 周内消失，一般情况下不超过 6~8 周。在危机期，个体会发出需要帮助的信号，并愿意接受外部的帮助或干预。干预的效果主要取决于个体的素质、适应能力以及自身的调控动机。卡颇兰在他的危机理论中将心理危机的形成和演变过程分为四个阶段，具体内容如下：

（一）心理危机的警觉阶段

创伤性应激事件使经历者焦虑水平上升并影响到日常生活，因此可采取常用的应对机制来抵抗焦虑所致的应激和不适，试图恢复原有的心理平衡。当一个人感受到自己的生活突然出现变化，或即将出现变化时，他内心的基本平衡被打破了，表现为警觉性提高，开始体验到紧张。为了达到新的平衡，他试图用自己以前在压力下习惯采取的策略作出反应。处于这一阶段的个体多半不会向他人求助，有时还会讨厌别人对自己处理问题的策略指手画脚。

（二）心理危机的功能恶化阶段

经过第一阶段的尝试和努力，经历者发现自己习惯的解决问题的办法未能奏效，常用的应对机制不能解决目前所存在的问题，创伤性应激反应持续存在，焦虑程度开始增加，生理和心理等紧张表现加重及恶化。经历者的社会适应功能明显受损或减退，为了找到新的解决办法，他开始试图采取尝试用错误的方法解决问题。

在功能恶化阶段中，经历者开始有了求助动机，不过这时的求助行为只是他尝试错误的一种方式。需要指出的是，高度情绪紧张多少会妨碍经历者冷静的思考，也会影响他采取有效的行动。在这一阶段中，干预者应将干预的重点放在帮助经历者处理紧张焦躁的情绪，并向他保证：问题总是可以解决的。

（三）心理危机的求助阶段

如果经过尝试错误未能有效地解决问题，经历者的情绪、行为和精神状态进一步加重，内心紧张程度持续增加，促使其想方设法地寻求和尝试新异的解决办法，应用尽可能地应对或解决问题的方式来力图减轻心理危机和情绪困扰，其中也包括社会支持和危机干预等。在求助阶段中，经历者的求助动机最强，常常不顾一切，不分时间、地点、场合和对象地发出求助信号，甚至尝试自己过去认为荒唐的方式。咨询员对于处于这个阶段的求助者影响最大。

需要注意的是，在这个阶段中，经历者会采取一些异乎寻常的无效行动宣泄紧张的情绪，例如，无规律的饮食起居、无目的的游荡等。这些行动不仅不能有效地解决问题，反而会损害经历者的身体健康，增加紧张程度和挫折感，并降低经历者的自我评价。因此，干预者应该首先帮助经历者停止这些无效行动，并与他一起寻找解决问题的新办法，干预者在此时所起的作用是参谋和顾问。

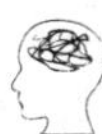

（四）心理危机的危机阶段

如果经历者经过前三个阶段仍未能有效地解决问题，他很容易产生习惯性无助，会对自己失去信心和希望，甚至对自己整个生命意义发生怀疑和动摇。很多人正是在这个阶段应用了不恰当的心理防御机制，使得问题长期存在、悬而未决，经历者可出现明显的人格障碍、行为退缩、精神疾病。强大的心理压力有可能触发从未完全解决的，曾被各种方式掩盖的内心深层冲突。有的经历者会产生精神崩溃和人格解体。在这个阶段中，经历者特别需要通过外援性的帮助（包括家人、朋友和心理帮助的专业人员）度过危机。

从心理危机发生与转归角度来看，心理危机可以分为四个时期：第一，冲击期，危机不久或当时（4~6 周），表现为震惊、恐慌、不知所措；第二，防御期，想恢复心理平衡，想控制焦虑、情绪紊乱，恢复认知，但不知如何做，会出现否认、合理化等；第三，解决期，积极采取各种方法接受现实，寻求资源设法解决问题，焦虑减轻，自信增加，社会功能恢复；第四，成长期，经历了危机变得更成熟，获得应对危机的技巧。也有人消极应对，而出现种种心理不健康的行为。

四、心理危机干预的常用技术

一些常用的紧急心理危机干预技术，具体内容如下：

（一）紧急事件应急晤谈技术

应激晤谈（CISD）又称紧急事件应急晤谈，是危机干预的基本技术，是一种系统的、通过交谈来减轻压力的方法。CISD 的形成和实施始于战争受害者的需要。国际紧急事件应激基金会，精练了 CISD 的过程并在全球范围内提供相关技术的培训，在紧急事件的心理危机干预过程中发挥了巨大的作用。严重事件即创伤性事件，是任何使人体验异常强烈情绪反应的情境，可潜在影响人的正常心理功能。CISD 是一种心理服务的方式，并不是正式的心理治疗，可以减弱精神创伤事件对个体的损害，减少个体应激反应的发生，是一种非常有效的心理干预方式。对于灾害幸存者、灾害救援人员、急性应激障碍的患者，可以按不同的人群分组应用 C1SD 技术进行干预。

1. 紧急事件应急晤谈的技术组成

CISD 是通过专业人员引导，公开讨论内心感受达到心理平衡的过程，一般主要由情感宣泄、支持和安慰、调动资源三部分组成。心理冲击后的 24~48 小时之内是最理想的干预时间，一般而言，在 24 小时之内最需要的是生命生存方面的安慰，6 周之后效果甚微。正式 CISD 通常由受训后的专业人员指导，专业人员必须对应激反应综合征有很好的理解，正式的 CISD 干预一般纳入 8~10 名经历者，坐成圈，设置成一个封闭的环境，进行公开讨论。

2. 紧急事件应急晤谈的阶段划分

CISD 一般划分为六个阶段，但在特殊情况下可以把第二、第三和第四阶段合并进行。

(1) 导入期（介绍期）。CISD 实施者自我介绍姓名、职业、单位、对事件的了解等，并讲明某些人可能觉得不需要来接受晤谈，觉得自己能应付，可能确实如此，但相互交流对其仍有意义。强调应激晤谈过程中的规则，不能记笔记，把纸笔放在椅子下，人人平等，不要评判别人，关闭手机等；小心解释隐私问题，不允许录音，出门后不要传播，既是尊重别人，也是尊重自己。

(2) 事实陈述期。实施者请参与者描述一些有关自己在紧急事件中所进行的活动的情况；询问被干预者在处理紧急事件的过程中身处何处、所听、所见、所闻及所做（这样做以便避免某些东西夸大化，使事情更加客观）。每人谈话大约需要 2~5 分钟。相互补充事件的细节，最终使整个事件得以重现，让每个人全面了解事情发生的真相。实施者要打消参与者的顾虑，参与者如果不愿意参加讨论，可以选择沉默。选择沉默同样适用于其他阶段。

(3) 重现感受期。在此时期引导被干预者交流自己的感受，如发生紧急事件时的感受；当下对于那时回忆的感受；在过去的生活中，是否有类似的感受等。每个人都有需要分享和被接受的感受，重要的原则是不批评他人，倾听在每个人身上曾经发生或正在发生的事情。

(4) 探索症状期。参与者描述其在应激事件后的躯体、心理、认知、行为等方面变化，依据出现的先后顺序回顾性探索和确定自己在事件中的痛苦症状；并请被干预者讨论他的经历正导致家庭、工作或生活发生怎样的变化。

(5) 辅导干预期。实施者向参与者介绍正常的应激反应模式，强调人的适应潜能，讨论积极的适应和应对方式。帮助参与者认识到，其经历的应激反应是面对非正常情况的正常的和能够被理解的行为，本质上不是医疗问题，从而减轻其心理压力。鼓励参与者坚强起来，并努力调动参与者利用现有社会资源，同时教授和提供必要的应激管理技能和积极应对技巧。

(6) 总结期。在此阶段的主要工作包括拾遗收尾、回答问题、最后安抚和制订未来行动计划等方面，告诉参与者更多资源信息（譬如如果还有怎样的需要可以求助心理热线、心理咨询室等）。干预全程需两三个小时，紧急随访可在事件后数周或数月进行。

3. 紧急事件应急晤谈的注意事项

对那些处于抑郁状态的人或以消极方式看待 CISD 的人，可能会给其他参加者带来负

面影响；鉴于CISD与特定的文化相一致，有时某些民族文化仪式可以替代CISD；对于急性悲伤的人，如家中亲人去世者，并不适宜参加CISD。

（二）情绪稳定技术

多数遭受过创伤的个体是不需要应用情绪稳定技术来进行干预的。然而，个体一旦出现影响睡眠、饮食、决策以及工作的高强度的唤醒、麻木或者高度焦虑状态，应考虑实施此类紧急心理干预。

1. 情绪稳定技术的要点分析

（1）倾听与理解。以理解的心态接触被干预者，倾听和理解，并做适度回应，不要将自身的想法强加给对方。

（2）增强安全感。减少被干预者对当前和今后的不确定感，使其情绪稳定。

（3）适度的情绪释放。运用语言及行为上的支持，帮助被干预者适当释放情绪，恢复心理平静。

（4）释疑解惑。对于被干预者提出的问题给予关注、解释及确认，减轻他们的疑惑。

（5）实际协助。给被干预者提供实际的帮助，协助重点人群调整和接受因灾难改变了的生活环境及状态，尽可能地协助重点人群解决面临的困难。

（6）重建支持系统。帮助被干预对象与主要的支持者或其他的支持来源（包括家庭成员、朋友、社区的帮助资源等）建立联系，获得帮助。

（7）提供心理健康教育。提供常见心理问题的识别与应对知识，帮助被干预者积极应对，恢复正常生活。

（8）联系其他服务部门。帮助被干预者联系可能得到的其他部门的服务。

2. 情绪稳定技术的初步处理

情绪稳定技术的初步处理使被干预者感觉到被关注，逐步稳定情绪。

（1）干预实施者保持镇静、从容，不要尝试与个人进行直接对话，因为这会导致经历者在认知或情感上的超负荷。给经历者一定的时间去平静下来，而干预实施者需做的仅是在这期间能够随时被找到。

（2）明确被干预者是独自生活还是有家人或朋友陪伴，得到肯定答案后，将这些人列入需要安抚者的名单。实施者可能需要将承受痛苦的经历者带到一个安静的地方，或者在他家人和朋友的陪护下与他轻声交谈。

（3）判断被干预者有着怎样的体验。实施干预时，应针对此人最主要、直接的顾虑或困难，而不是简单地说服此人“平静下来”或要其“感到安全”（后两种方法可能收效甚微）。

（4）提供能够使被干预者适应周围环境的信息，例如，周围救助是如何组织起来的，他将得到怎样的帮助等。

（三）着陆技术

若经过初步处理似乎不能使经历者的情绪稳定下来，可以尝试使用着陆技术。着陆技术的具体步骤如下：

第一步，以一个舒服的姿势坐着，不要交叉腿或胳膊。

第二步，慢慢地深呼吸，然后观察周围，说出五个自己能看到的让人不难过的物体。

第三步，慢慢地深呼吸，说出五个自己能听到的不让人悲伤的声音。

第四步，慢慢地深呼吸，说出五个自己能感觉到的不让人悲伤的事情。

第五步，慢慢地深呼吸，说出五种自己可以看到的周围存在的颜色。

如果以上这些干预措施不能帮助稳定情绪，那么就要请专业的精神科医师进行一些药物治疗。

（四）支持性治疗技术

通过精神支持和社会支持等方法给予那些心理脆弱者以心理支持性陪伴。支持性心理治疗尤其适合那些经历了严重心理创伤，心情极度低落，处于精神崩溃的边缘，难以支撑或有轻生意念者。

1. 加强经历者的安全感

增强经历者即刻的和持续的安全感，提供身体上和情感上舒适的感觉，可以降低他们痛苦和担忧的程度。例如：做一些积极的（相对于消极等待）、实用的（利用可获得的资源）和熟悉的（根据过去的经历）事情；获得当前的、精确的、及时更新的信息，避免让经历者暴露于不准确的或者特别令人不安的信息中；与可获取的切实可用的资源建立联系；了解有关局势在相关人员的努力下正在变得越来越安全的信息。

2. 增加社交活动

鼓励经历者参加适当的小组或社交互动，如艺术活动、玩扑克牌、棋盘游戏或运动等。一般而言，接触那些能很好地应对环境的人可以使人更平静、更安心。但接触那些表现得非常焦虑不安和情绪不能控制的人，会让人心烦意乱。在小组中如果被干预者听到了令人不安的消息或者谣言，要帮助澄清和更正错误的信息。一些人，特别容易从成人身上寻找有关安全性和恰当行为的线索，所以在可能的情况下，把他们安置在表现相对镇定的成年人或同龄人附近。

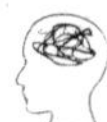

3. 聆听理解悲伤情绪

对于遭受冲击，极度悲伤的经历者，要善于倾听和引导他们释放自己的悲伤情绪。在倾听时干预实施者需要注意：一是不要操之过急，被干预者需要一定的时间来处理所见所闻并提问；二是对被干预者一开始的强烈反应要有所准备，但这些反应很可能会逐渐趋于缓和，切记，被干预者并不想知道你的感受，他们关注的是你是否在努力理解他们的感受；三是人和人的强烈悲伤情绪，会有不同表现，没有唯一“正确的”悲伤表现方式；四是悲伤会导致人们滥用无处方药品等，这会带来危险，让被干预者意识到：照顾好自己的重要性，以及能够获得职业心理医生的帮助；五是每个人表达悲伤情绪的方式是不一样的，他们其中一些人可能希望独处，如果足够安全，请提供给他们一些不受干扰的独处空间；六是当被干预者想与你讲述他伤心的事，你应安静地倾听，不要觉得说得太多，也不要探究太多。

4. 协助建立社会支持

帮助被干预者与主要社会支持人员或其他支持源建立短暂或持续的联系，包括家人、朋友和团体帮助资源。社会支持关系到人们在事件发生之后的情绪安定和复原。社会关系较好的人更倾向于参与到为灾难后复原的支持性活动中来（包括接受和给予支持）。如果个体不能与他们的支持系统取得联系，鼓励他们尽可能地利用即时可用的社会支持资源（例如，自己、其他救助者、其他被干预者等）。提供阅读材料（如杂志，报纸等）也有一定的帮助作用，并与他们一起讨论这些材料。

（五）保险箱技术

保险箱技术是一种负面情绪处理技术，主要靠想象方法来完成的。它早先被设计作为严重的心理创伤的掌控技术，可以用来有意识地对心理创伤进行处理，从而使自己在比较短的时间内，从压抑的念头中解放出来。保险箱技术通过对心理上的创伤性材料的“封存”，来实现个体正常心理功能恢复的效用。这种技术可以看成是想象练习的“第一堂课”，因为第一次接触它就很容易学会。在保险箱技术中，干预者要求经历者将创伤性材料锁进一个保险箱，而钥匙由他自己掌管，并且他可以自己决定，是否愿意以及何时想打开保险箱，来探讨相关的内容。

（六）意象技术

意象技术常作为针对“闯入性”的体验而设计使用。该技术属于应用很广的创伤暴露技巧之一。基本原理是将创伤性回忆“闪回”当成“一部电影”，患者和治疗师一起观看。情感的深浅、体验的强度可通过指导性的联合和分离环境来调节。

五、心理危机干预的实施措施

（一）干预体系的构筑

心理危机干预属于紧急医疗服务的一部分，因此必须将其纳入统一的系列工作当中，在符合救援指挥部总体意图的情况下，组织预防和救护，及时把心理危机发生情况上报决策机构或数据处理中心，以利于上级正确判断和指挥。

1. 创建干预体系

层次合理的组织架构是心理危机干预有效进行的重要前提。心理危机干预体系的构建主要分三级，第一级是最前沿的心理危机干预队，一般由 15 人组成；第二级是重大事件或灾难发生区域的专科医院；第三级为省专科中心，其成员主要是各种不同的心理学医生和专家；另外，在指挥部还配有大量心理医学专家和计算机处理系统，这样，可有效应对突发事件造成的不同心理损伤，尽快恢复心理危机者的心理平衡。

2. 建设危机干预队伍

心理危机干预队伍的组建是开展心理危机干预工作的基础。心理危机干预队一般由精神科医生、心理治疗师、心理咨询师等不同门类的心理专家组成。

心理压力损伤来自突发事件的各个方面、层次、阶段、地域或空间；不仅有客观的，而且有自身的。因此，危机干预人员的组成和编配，一定要全面、综合、精干和具有特色。一般专业心理危机干预队由 15 名队员组成，在编成比例上，可考虑精神科医生占 1/5，心理治疗师占 2/5，心理咨询师占 1/5，协调保障人员占 1/5。

例如，某单位心理危机干预队组成情况包括：队员由精神科医师、心理咨询师、心理治疗师、护士组成，共 15 人。指挥部（2 人）：队长 1 人，秘书 1 人；心理评估分队（4 人）：包括心理测验组、能力评估组；心理干预分队（9 人）：包括心理教育组、心理疏导组、危机干预组、重症监护组。

3. 干预工作规范制订

根据重大事件或灾难具体情况，全面考虑不同阶段心理损伤的特点，把需要与可能、当前与今后、重点与一般结合起来，综合分析判断，及时编制干预工作材料，指导各级救援单元有效、有序开展心理危机干预工作。

规范制订工作主要包括：编制心理危机干预工作专业指南；建立适合各应激背景的心理创伤测试量表库；制订适合各应激背景的心理教育和训练大纲；编写医学心理压力调控

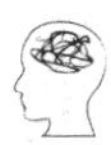

训练教材；针对主要心理危机人群心理需要，制订切实可行的心理危机干预行动预案；编写供心理危机干预专业队伍运用的心理危机干预演练文书或脚本。

4. 基础设施设备建设

基础设施是开展心理危机干预工作的平台，如果没有基本的空间，一些有心理学特殊要求的评估、干预、救治工作将无法开展，心理救援这个事业的发展也没有根基、底气和余力。

基础硬件设施建设应重点包括：①建设“心理干预训练基地”“灾难环境仿真模拟室”，对队员进行系统培训，提高队员的专业技能和自身心理素质；②建设“心理测试室”，对被干预对象进行专门的心理测试，测试灾后和干预后的心理参数，以判断心理损伤或可能致伤的程度及性质；③建立“心理创伤康复中心”，用以接纳心理应激后患有严重精神障碍和心理创伤的患者，使其得到及时有效的心理治疗。

此外，应成立应激相关精神疾病实验研究小组，对心理创伤者进行心理与生理反应的实验研究，探索应激对个体的影响和缓解办法。

（二）明晰干预队伍人员职责

1. 队长的主要职责

队长的主要职责包括：①指导和协调队内全面工作，调配心理的救援力量；②工作展开时重点掌握心理危机人员总体情况变化及治疗进展；③负责心理危机人员的管理教育工作；④熟悉救援组织指挥程序、队内人员和装备情况，掌握心理危机人员流动及物资消耗情况等。

2. 精神科医师的主要职责

精神科医师的主要职责包括：①负责重度心理危机者及突发精神病患者的急性期救治及后送；②冲动等心理紊乱者的危机干预和紧急治疗；③对后送患者进一步确定诊断、提出转诊后送建议；④详细书写病历资料和医疗文书。

3. 心理治疗师的主要职责

心理治疗师的主要职责包括：①指导相关医务人员开展心理危机的现场处理和知识培训；②负责现场紧急处理危机事件，开展各种心理治疗；③协助上级机关制订防治计划和执行相应预案；④对执行任务人员进行心理测试，对重点人群进行行为评估和能力鉴定。

4. 心理咨询师的主要职责

心理咨询师的主要职责包括：①熟悉掌握心理测评仪的使用技术及其分析方法，开展心理危机测试以及评估工作；②应用心理治疗仪进行心理治疗；③负责对心理危机的应激源进行现场调查，资料整理和分析，形成书面总结材料，同时将资料备份供研究之用；④对心理设备进行操作和保养维修。

5. 护士的主要职责

护士的主要职责包括：①熟悉护理工作任务及内容；②熟悉本队服务对象的救治分类方法与救治原则；③熟悉心理危机者的分类后送方法及后送指征；④熟悉伤员心理护理技术；⑤填写医疗文书，做好各项记录、登记；⑥做好重度心理危机者后送前准备工作。

（三）配备干预设备

心理危机干预配套设备一般由心理测验系统、心理防御保障系统、心理治疗系统、信息处理系统四个部分组成。

1. 心理测验系统

（1）多功能心理行为测试仪。多功能心理行为测试训练仪采用声、光、电反馈技术对人体的视觉、听觉、判断分析能力、记忆力、手脚灵活性与稳定性等 36 种心理行为进行测验，可用于岗位人员选拔、培训以及干预效果的评估。

（2）植物神经反应测试仪。植物神经反应测试仪器通过采集人体呼吸、脉搏、心电、皮肤电等生理信号，经过系统自动分析处理得出结论，主要用于心理状况的评估及心理疾病的诊断。与填写测验量表相比具有测验时间短，信效度比高等特点，在紧急情况下可迅速对个体的心理状况作出准确、客观的评价。

（3）心理危机预警系统。心理危机预警系统包括人格类、智力类、心理卫生综合评定类、应激及相关类、情绪类、健康状况与生存质量评定和精神障碍类 7 类 87 个专业量表组成。运用心理能力评估软件对个体进行人格特点、能力兴趣、心理健康及临床疾病的诊断、测评与结果分析。该系统具备网络化多人在线测评功能。采用 IE 浏览器访问方式，只需在服务器端安装软件后，即可以实现多人在线心理测评。完成心理测试后，所有测评数据储存于服务器，施测人员通过系统的报告查询功能后即可马上查看报告，系统自动根据测评数据生成测试报告。

2. 心理防御保障系统

心理防御保障系统由心理教育系统、心理防御系统、心理调节系统、心理脱敏系统、心理训练系统、心理恢复系统、心灵导航系统等 7 个子系统组成。

（1）心理教育系统。系统内存储了大量爱国主义、革命英雄主义及心理知识等影视、文字资料，文件及相关励志教育素材，有效提高干预对象的心理素质，减少心理危机状况

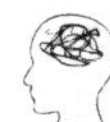

的发生，防治心理状况进一步的恶化。

（2）心理防御系统。心理防御系统录入了大量的心理知识和进行心理调控的方法手段，为心理危机干预队伍开展心理干预工作提供参考资料。通过心理危机防御论坛，介绍交流国内外专家关于心理危机干预的先进方法、经验和相关信息，帮助干预队员提升服务能力。

（3）心理调节系统。心理调节系统采用音乐调节、身心放松训练等方法，帮助心理危机者从不良的情绪中得以解脱，通过放松调节体操、松弛疗法等手段，改善血液循环，降低神经兴奋性，改变紧张的心理状况，达到放松状态。

（4）心理脱敏系统。心理脱敏系统采集了各种突发事件、灾难场面，通过电脑合成技术，提供事件环境模拟，以进行心理脱敏训练，使个体熟悉应激事件/场景的性质，学会应对手段，主动适应变化的环境，减少对危机事件的恐惧，尽快走出阴性，恢复心理平衡。

（5）心理训练系统。心理训练系统集合了生物反馈技术、现代智能传感器技术、三维实时动画技术。首先示范教授受训者学习五类有关身心放松、情绪调节的方法，再运用身心反馈实践训练检验受训者对放松方法的掌握情况，最后再通过应激综合训练提升受训者对放松方法的综合运用能力，提高自我心理防护能力。

（6）心理恢复系统。心理恢复系统存储大量的文化娱乐节目，用于配合情绪转移和心理康复治疗，缓解紧张气氛，减轻精神压力，有力地促进应激条件下危机状态的迅速缓解，避免长时间处于应激状态带来的不利影响。

（7）心灵导航系统。心灵导航系统通过连接互联网，与后方心理专科医院、大专院校实现互动，设置网上聊天室、心理咨询留言板等栏目，开展心理健康咨询服务，可有效地帮助心理危机者调整心态，重树信心信念，对不良心理倾向予以正确疏导。

3. 心理治疗系统

（1）心理压力管控系统（网络版）。心理压力管控系统（网络版）主要由无线移动式智能多导生理传感训练终端、HBD 生理传感采集器、24 路无线通信监控操作台、团体无线通信模块、远程监控主机、团体无线减压放松训练监控软件等部分组成。该系统是集软件控制、硬件实施于一体的“团体智能反馈型”“一对多”式身心放松训练设备，突破了已有个体训练设备不能多人同时使用的局限，具有高效、省时、省力的优势，适合日常压力大或处于轻中度应激状态下的心理危机者使用。

（2）电脑肌电/皮温生物反馈仪。电脑肌电/皮温生物反馈仪是目前应用最成功、最普遍的一种生物反馈技术，通过使用体表引导电极和热变阻式温度计，将肌电信息和皮肤温度变化转换成人体能够直接感受的声、光、数字反馈信息，训练者根据仪器反馈信息配合身心调节音乐和指导语进行自我调控，训练紧张、放松等不同反应状态的心理调节控制能力，以实现对人体的生物治疗。

（3）电子睡眠仪。该设备以中国传统医学为基础，结合现代医学对人体睡眠脑电波的研究成果，应用低频电子脉冲形式模拟中医针刺手法作用于耳部神门穴，达到调节神经功能、促进睡眠、治疗神经衰弱、失眠症等目的。

（4）彩色灯光治疗仪和气味发生器。应用颜色、气味对身心的调节作用，通过改变视觉环境进行颜色想象，改变嗅觉环境，转移不良情绪，缓解紧张心理，调节心理功能状态。

4. 信息处理系统

运用信息处理设备，可在户外接收广播电视节目；可随时利用 GPRS 技术切入国际互联网，通信接口可与上级通信设备相连，实现通话、信息传递、传真收发，及时汇报本部情况，传达上级指示精神。

（四）干预方案的制定

心理危机干预方案一般包括干预目标、干预基本原则、工作内容、目标人群评估、制订分类干预计划和制订工作时间表等方面。

1. 干预的主要目标

心理危机干预工作的主要目标包括：一是积极预防、及时控制和减缓灾难的心理社会影响；二是促进灾后心理健康重建；三是维护社会稳定，促进公众心理健康。

2. 干预的相关原则

（1）内外协调。心理危机干预是医疗救援工作的一个组成部分，应该与整体救灾工作结合起来，及时调整心理危机干预工作重点。

（2）有始有终。心理危机干预活动一旦进行，应该采取措施确保干预活动得到完整的开展，避免再次创伤。

（3）先后有序。优先抢救急重心理损伤者，对急、重心理伤者，必须坚持优先抢救的原则。此类受灾人员心理杀伤度高，如不能及时有效地进行救治，将给以后救治带来困难，进而影响整个心理救助的进程。

（4）综合处置。对有不同需要的受灾人群，应综合应用干预技术，严格保护受助者的个人隐私，不随便向第三者透露受助者个人信息。

（5）辩证对待。以科学的态度对待心理危机干预，明确心理危机干预是医疗救援工作中的一部分，不是“万能钥匙”。

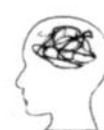

3. 干预主要的工作内容

心理危机干预工作主要包括三个方面：一是综合应用基本干预技术，并与宣传教育相结合，提供心理救援服务；二是了解受灾人群的社会心理状况，根据所掌握的信息，发现可能出现的紧急群体心理事件苗头，及时向救灾指挥部报告并提供解决方法；三是通过实施干预，促进形成灾后社区心理社会互助网络。

4. 干预主要的目标人群

根据心理危机状况，将目标人群分为普通人群、重点人群。

（1）普通人群。普通人群是指经过评估没有严重应激症状的危机事件经历者。对普通人群采用心理危机管理技术，开展心理危机管理。从当时的救援，到整个事件的善后安置处理，都需要有心理危机管理的意识与措施，以便为整个救援工作提供心理保障。包括以下方面：对普通人群进行妥善安置，避免过于集中；依靠各方力量参与；利用大众媒体宣传；积极与救灾指挥部保持密切联系与沟通，协调好与各个救灾部门的关系；在合适的时机也可以应用 CISD 技术进行团体式的干预。

（2）重点人群。重点人群是指目标人群中经过评估有严重应激症状的危机经历者。对重点人群一般采用情绪稳定、放松训练、支持性治疗等技术，进行心理危机干预。中华人民共和国卫计委颁布的《紧急心理危机干预指导原则》中将需要关注的人群分为四级。干预重点应从第一级人群开始，逐步扩展。一般性宣传教育要覆盖到四级人群。第一级人群：亲历灾难的幸存者，如死难者家属、伤员、幸存者；第二级人群：灾难现场的目击者（包括救援者），如目击灾难发生的灾民、现场指挥、救护人员（消防、武警官兵、医疗救护人员及其他救护人员）；第三级人群：与第一级、第二级人群有关的人，如幸存者和目击者的亲人等；第四级人群：后方救援人员、灾难发生后在灾区开展服务的人员或志愿者。

5. 制订干预的一般计划

干预计划一般包括规范评估分类、快速现场急救、及时专科救治三个方面，具体内容如下：

（1）规范评估分类。对目标人群评估分类，应由救灾指挥部统一组织实施。参加评估分类的工作人员数量，应根据心理危机干预队伍的规模和心理损伤涉及人群的数量而定。评估分类人员应具备一定的心理防治知识和经验，确保分类迅速准确。不同重点人群的分类形式，通常有现场紧急干预和紧急后送两种。现场紧急干预需要根据陷入心理危机者的心理损伤程度和救治的急缓，确定心理治疗的措施和次序，以便组织救治；紧急后送应根据心理危机者诊断、预后及下一步救治需要，确定后送的地点、次序、运输工具等，以便组织后送。

（2）快速现场急救。做好心理危机者现场紧急救治，可以极大地减少心理危机所致各类精神障碍，并为以后各级心理救治打下基础。大灾中的心理急救与各种危险伴行，任务艰巨，情况复杂，通常需要在发挥专业人员骨干作用的前提下，广泛开展群众性的自救互救来完成。

（3）及时专科救治。对重度心理危机者实行针对性的专科救治是缩短治愈时间、提高治愈率的有效措施，也是实施指定性后送救治的重要依据。专科救治一般由后方的心理医学专业机构来实施。在大型灾难事件发生后应依据心理损伤统计，组织一定数量的精神医学专科医生或专科救治单位，建立医学心理救援机构，提高专科医生的工作效率和设备利用率，使重度心理危机者能及时得到专科救治。

6. 制定工作的具体时间表

根据目标人群范围、数量以及心理危机干预队员人数，安排工作，制定工作时间表。紧急心理干预工作时间表应以 1 周为一个周期，以半天为时间单元；时间表的制定应充分考虑工作流程、救治缓急等因素；每天有日工作总结，每周有周工作总结。

（五）干预现场工作流程

“寻找一种有效降低员工日常自我损耗的干预方式是紧迫而重要的”。[①] 对于现场重点人群的紧急心理干预应制定时效性强的工作流程。

1. 干预的服务单元设置

在分组管理的基础上可将心理危机干预工作划分为 6 个服务单元。

（1）心理服务门诊。初步了解来访者情况，并进行登记；向来访者讲解将要接受的心理服务的流程和注意事项，初步安抚来访者情绪；对于单一、轻度心理反应的来访者，可进行简单的心理晤谈或咨询。

（2）心理测评室。心理测评室是利用心理测评设备、纸笔测验材料对来访者进行心理评估，并根据测评结果，对来访者进行分诊。

（3）团体干预室。心理危机干预人员运用投影系统和团体心理干预设备对心理危机者进行应激脱敏训练、压力管控训练及放松治疗，以帮助患者们尽快适应当前环境，快速进入放松状态，缓解心理压力。

（4）个体干预室。心理危机干预人员应用配备的专业设备对来访者进行一对一心理评估和干预，以快速降低来访心理危机者的应激水平，恢复其心理平衡。

---

① 张昕，王永丽，卢海陵等．正念干预对员工自我损耗及其后效的影响：基于 ESM 的现场研究［J］．管理评论，2022，34（8）：192.

（5）重症救治室。心理危机干预人员应用专科设备和药物对重度心理反应或心理疾病患者实施救治，快速缓解其症状。

（6）心理训练室。心理危机干预人员依托配置的心理行为训练器材，如投影系统、宣教系统和心理行为训练道具等，开展来访者的心理卫生宣教和心理行为训练治疗。

2. 干预的具体工作流程

根据紧急心理危机干预的“及时、就近、期待”的三原则。心理危机干预队伍在执行任务时采用以下工作流程：

（1）接待登记。心理测评组人员对批量来访者进行接待。登记个人信息，根据来访者心理情况安排下一步的测评或干预工作。

（2）测评分诊。心理测评组人员采用纸笔测验法或人机对话的方式对来访者进行测验。根据测验结果将来访者分为轻度心理反应、中度心理反应、重度心理反应三类。测评组人员将轻度心理反应者送入心理训练室，进行心理恢复训练；中度、重度心理反应者分别送入团体干预室和个体干预室进行治疗。

（3）轻度心理反应干预。干预队员使用心理行为训练器材，带领干预对象开展心理行为训练。训练结束后，根据训练效果确定返岗或进入团体干预室进行进一步干预。

（4）中度心理反应干预。干预队员在团体干预室引导干预对象进行系统的应激或心理压力放松训练。干预结束后，根据干预效果建议返岗或送入个体干预区、重症救治区进行进一步治疗。

（5）重度心理反应干预。一是个体干预区干预，由 1 名干预队员利用个体心理干预设备，对干预对象进行治疗。根据结果建议返岗、送入重症救治区治疗。二是重症治疗区救治，由 2 名干预队员使用专科药物或物理治疗手段对干预对象进行救治，并根据效果建议返岗或后送。

另外，心理危机干预队还应根据任务部署，抽调人员组成小分队深入一线开展心理状态普查、心理行为训练和心理卫生普及教育等工作。

第五章　心理压力的疏导及技术实施

第一节　心理疏导及疗法理论

一、心理疏导疗法的基本认知

（一）心理疏导疗法的本质内涵

心理疏导的含义是疏导者按照人们心理活动规律，对人的心理问题通过疏导的方式，协助人们解决心理问题、改善认知、调节情绪以及生活方式的一种方法。心理疏导疗法是医生在与患者诊疗交往过程中产生良性影响，对患者阻塞的病理心理状态进行疏通引导，使之畅通无阻，从而达到治疗和预防疾病、促进心身健康的一种治疗方法。

心理疏导疗法的基本工具是语言，针对患者不同的病症和病情阶段，以准确、鲜明、生动、灵活、亲切、适当、合理的语言分析疾病产生的根源和形成的过程，疾病的本质和特点，教给患者战胜疾病的武器和方法，激励鼓舞患者增强同疾病做斗争的勇气和信心，充分调动患者治疗的能动性，逐步培养激发患者自我领悟、自我认识和自我矫正的能力，促进患者自身心理病理的转化，减轻、缓解、消除症状，并帮助患者们认清疾病的运动规律，改善性格缺陷，提高主动应付心理应激反应的能力，巩固疗效。

“随着经济社会的发展，日益多元化的社会利益诉求，无疑加大了社会成员巨大的心理压力”[①]，所谓“疏导”，即“疏通”与“引导”。“疏通”是指医患之间广开信息交流之路，通过信息收集与信息反馈，有序地把患者心理阻塞的症结、心灵深处的隐情等充分表达出来，帮助患者从不愿合作到愿意合作，从不愿接受治疗到主动迫切要求治疗，从消极情绪到积极情绪，从逃避现实到面对现实的心理转化过程。“引导”即在系统了解的基础上，抓住主线，循循善诱，提高患者的认识，把各种不正确的认识及病理心理引向科学、正确、健康的轨道，这也是病理心理到生理心理的转化过程。

---

① 张清娥．社会治理中的心理疏导问题探析［J］．求实，2015（5）：32.

“疏通”与“引导”是辩证统一的关系。“疏通”是为了正确的引导，它是引导的前提。如果疏通不好，不能广开信息交流之路，就无从正确地加以引导。“引导”是“疏通”的目标，是疏通的继续。不引导只疏通就会停滞不前，只有疏通与引导达到统一，才能使治疗沿着正确、健康的方向发展。

人不是一般的生命体，而是有着高度发达的心理系统并在其统一指挥下精密协调的有机体。人体的各个部分是互相联系、互相影响、互相制约的。人和自然界的关系十分密切。更重要的是人具有社会性，就其本质而言，人是一切社会关系的总和。人与人之间的关系复杂微妙。而人、自然界、人类社会以及它们之间的相互关系又处在不断的运动、变化、发展之中，所有这一切反映在人的心理上必然呈现出难以名状的复杂情况。因此，心理疏导疗法要求用联系的、发展的、全面的观点分析和解决问题，反对形而上学，反对简单化地对待人类的心理问题，认为必须采取十分审慎的态度，进行周密的调查研究，考虑各方面的因素，在治疗过程中贯穿辩证法的思想。

心理疏导疗法强调在整个诊疗过程中都要尽可能充分调动患者的治疗能动性，树立自信心，引导其自己解决自己的问题。心理障碍和身心疾病患者情况复杂，个体差异大，主张采用因人而异的方法。由于心理及社会因素众多，病状繁杂，患者及家属的陈述有时又使人不得要领，因此心理疏导疗法要求经过认真的调查和分析，抓住主要的矛盾和矛盾的主要方面加以疏导，使之迎刃而解。

心理疏导疗法忌信息失真，必须竭尽全力，采取各种方法，调动各种积极因素，用以准确了解患者的病因、病情和特点，然后对症治疗。心理疏导疗法要求医生不论对何种疾病患者都应强调一个“爱”字，对患者们要满腔热情、体贴入微、关心备至，要千方百计地把患者们从痛苦中解放出来，让患者们幸福地生活。

（二）心理疏导疗法的显著特点

心理疏导疗法与其他心理疗法相比，它的特点是综合性强，适应性广，以自我认识为主，实与虚密切结合。其具体特点如下：

第一，心理疏导是多学科的交叉。心理疏导具有严格的科学性和很强的逻辑性。心理疏导疗法理论走的是多学科相结合的道路，以系统方法论的观点，把临床医学、基础医学、心理学、社会学、教育学、人文学、行为科学、伦理学以及其他许多当代社会科学的理论、方法，引入心理疏导疗法领域，丰富和发展了心理疏导疗法的理论与实践。

第二，适应性广。心理疏导疗法是从临床实践中总结出来的，因此，它的应用性强，适应性广，改变了一般心理治疗中的教条、单调、被动的状况。它的主导思想是以“治病救人”为目标，着眼“完善自我”“提高素质”“虚实同步”“发展潜能”，实质上就是提高心理素质，保障心身健康，将心理疏导工作融入“治病救人”这一总目标之中。

第三，强调患者的自我认识、自我完善、自我保护。心理疏导要求患者具有能够正确地认识自己、剖析自己的心理素质，揭示心理疾病的形成规律，消除心理疾病与心理治疗的神秘性，不断促进自我性格改造，保障身心健康。

第四，信息的转换、学科的交叉与知识综合运用的功能。医生和患者一起商讨疏导中的信息交流问题，目的是双方均承担义务，以保证疏导质量。要鼓励患者积极配合，发挥其主观能动性，学会自己动手解决问题。根据患者的情况，重点解决其心理逆流，必要时动员其家庭和社会给予支持。

第五，治疗目标是长期的，是持续不断的“实践—认识—再实践—再认识”的循环过程。

第六，以最少的信息，达到最佳的效果，即疗程短、疗效好、效果巩固。

第七，疏导过程是提高认识水平、技能，更新、补充、完善自我的过程。

（三）心理疏导疗法的主要内容

心理疏导的主体以揭示人们的心理实质，实现心理转化为中心，形成有利于启迪人们的智能，净化心理，促进身心健康。心理疏导疗法的主要内容如下：

第一，向患者提供有关知识，提高患者的心理素质，以帮助他们更好地适应社会环境，保障身心健康，以及提高患者的防御机能等。

第二，帮助患者认识心理治疗，使其在治疗中与医生积极合作，提供翔实的信息，方便医生作出及时、确切的判断。

第三，帮助患者及家属正确处理有关心理障碍的一系列问题。

第四，帮助解决由于遗传疾病而造成的后果，并妥善处理一系列由此而引发的实际问题。

二、心理疏导疗法的理论基础

心理疏导疗法的理论是根据辨证施治的原则，以中国传统文化和古代心理疏导的思想和方法为主导，在控制论、信息论、系统论等理论基础上形成的。心理疏导疗法的理论基础内容如下：

第一，以辨证施治为原则。心理疏导疗法是经过多年的学习研究、社会调查和临床实践逐步形成起来的一种心理疗法。它吸收了国内外现代医学和心理、社会、教育、文史、哲学以及其他有价值的、先进的学术思想的丰富营养，使之在临床应用中更加卓有成效。心理疏导疗法坚持实事求是，从个案的实际出发，详细地占有资料，具体地进行分析，反映历史的真实，通过临床实践，不断地总结上升为理论，反过来再运用于临床治疗，使之接受实践的检验，不断地完善理论，使理论和实践密切地结合起来，逐步分析和解决临床实践中的新问题。心理疏导疗法断然否定心理疾病等不可知、不可治的唯心的无所作为的观点。心理疾病与世上一切事物一样都是可以认识的，因而也是可以治愈的。问题是要努力创造条件，不断前进，使之对各类疾病的治疗方法逐步臻于完善。

第二，以中国传统文化和古代心理疏导的思想与方法为主导。如“清静”“无为”“抱一”“守中”等，我国古代思想家、医学家在心理治疗方面作出了了不起的成就，非常强调在诊疗过程中把医患双方的精神状态作为整个医疗工作的一部分，并认为任何诊疗工作都应与心理治疗相结合，特别强调耐心说服、解释，争取患者的合作与信任等。同时，吸取国内外现代心理治疗的先进技术和经验，使之与心理疏导疗法融为一体，重视“古为今用”“洋为中用”，目的是建立适合我国国情的崭新的心理治疗方法。

第三，以控制论、信息论、系统论为基础。控制论、信息论、系统论是心理疏导治疗系统的“三位一体”的支柱。心理疏导治疗系统从整体出发，始终着眼于心理与躯体、机体与环境、整体与部分等之间的相互作用。它植根于当代自然与社会科学的沃土之中，吸取多种学科的先进理论和方法，进行本系统的设计、实验、研究、创造、应用、检验等，使之获得强大的生命力，形成一个综合工程。心理疏导系统主要由医生、信息和患者三个要素构成，以社会信息——语言作为治疗的基本工具，其治疗原则主要是信息的转换和反馈原理。整个治疗过程就是通过语言等信息的传递，达到改善患者心理状态的过程。在制定治疗准则的条件下，依靠疏导治疗反馈的作用，可以实现最优的控制，取得最大的效果。

第二节　心理疏导技术与重点

一、常见心理疏导的技术

心理疏导疗法是具有中国特色的心理治疗方法。心理学家们从意识、感知、思维、情感、行为、智力等方面对心理异常个体的心理症状做了精细的观察和描述，并创造和运用了许多专门术语和名词。这些心理症状是诊断心理异常的主要根据，是精神科医生和心理疏导从业人员必备的基础知识。

在心理疏导工作中，严重的心理异常和智力障碍是不易见到的。心理诊断的一项重要任务，是对非精神病性的心理问题与心理紊乱进行分析、判断和分类。这种分类直接关系到确诊和治疗方法的选择，所以它是极为重要的诊断环节。中国精神障碍分类与诊断标准（CCMD-3），把精神病性障碍和非精神病性心理紊乱做了严格区分。无疑，精神病性障碍属精神病学的研究对象，而非精神病性的心理问题与心理紊乱则是临床心理学（包括心理疏导与心理治疗）的研究对象。为适应心理疏导的发展和实践的需要，我们将非精神病性心理异常按其严重程度分为三种类型，即心理问题、心理紊乱和边缘状态。

第一，心理问题：是指在时间性方面有近期发生而不太可能持久的特点。问题的内容尚未泛化而只局限在引发事件本身；其反应强度不甚强烈，并没有严重影响思维逻辑性，如婚姻家庭问题、人际关系问题、社会适应问题等。

第二，心理紊乱，是指其反应强度剧烈并严重影响思维逻辑。初始反应强烈，如在暴怒情况下，出现强烈的非理性行为，如冲动毁物。心理行为异常持续的时间较长（一个月以上），心理负担长期难以克服，内容充分泛化。由于长期的精神折磨，有时伴有躯体化症状或人格上的问题，如心理生理障碍、退缩与攻击。

第三，边缘状态，是指既无法纳入精神病学（含神经症）诊断标准，又超越了临床心理学诊断范围，只有心理学家和精神病学家会诊，方可确定是使用心理学治疗方案，抑或使用精神病学治疗方案。

（一）“聆听”技术

聆听能力差的人，肯定是“听者有意”的人，此意是患者心中既有的信念和想法。带着这个“意”去听，听到的几乎是符合自己想法的话，不符合想法的，就用自己的“意”去抗拒。

“听者有意”是心理疏导者的忌讳。心理疏导者的方向性决定了沟通的所有焦点在对方，心理疏导者只能以忘我的心态去聆听，并且是专心、求知和开放的。否则听不到对方的出发点和假设，听不到真相和情绪。

心理疏导者不能采用批判性的心态去聆听。患者说出他的想法，哪怕在常人看来是非常错误的想法，也是对方的真实心态，心理疏导者如果用批判性的心态，就会很快在言语以及表情中表现出来，这只会让对方关闭沟通的闸门。心理疏导者的聆听不能有选择性。如果这样，心理疏导者听到的将是不完整的。心理疏导者不能装听，也不要为对方演绎。假装聆听只会打击对方对心理疏导者的信心，提前结束沟通，演绎则会把对方带到心理疏导者认为对的地方，可能这是对方的另一个新盲点。

（二）“区分”技术

个体经常用患者们自身的矛盾限制自己。“区分”技术的内容如下：

（1）“我认为的”与“别人认为的”之间的差距。其实，人都是自以为是的，没有一个人不相信自己的眼光，没有一个人不相信自己的感觉和判断。有的人认为自己是非常负责任的，但是周围的人没有谁觉得患者负责任；有的人认为自己在生活中无能为力，内心深处很自卑，但是旁人却觉得患者是一个能力很强、敢想敢干的人。人们对自己的看法和别人对自己的看法经常有差距，但是旁人一般不会把患者的真实想法告诉对方，因为当患者们袒露了真实的想法，可能带来不被理解的反馈。而心理疏导者就是这面真实的镜子，会把“别人认为的”反映出来，个体可以从中看到自己的另外一面。

（2）“使用的理论”和“拥护的理论”之间的不同。“拥护的理论”是人们口中说的理论，而“使用的理论”是人们的行动所遵循的理论。这两者经常有很大的差距，大部分人却不知道。“拥护的理论”通常是以信仰和价值观的陈述形式表达出来，“使用的理论”只能从观察人们的行动，也就是人们的实际行为中推导出来。心理疏导者要将对方“说的”和“做的”之间的差距反映出来，帮助患者明白他的行为并不是朝着患者想的方向去发展。

（3）“表象”与“事实”的差距。眼睛所能见到的范围是有限的，眼睛看到的总是某一刻或者是某一个时段的现象。可是，人们通常将看到的当成是事实，将某一瞬间的现象凝固成为永恒不变的事实，然后以此作为信念，去推断和观察世界上的其他事物。世界是运动的，事物是发展的，心理疏导者可以帮助个体拨开信念上的迷雾，清晰地看到事实。

（三）“提问”技术

人们在探索自然规律的时候，喜欢问“为什么”，很多重大的发现，都是在“为什么”的求知动力驱动下产生的。换言之，问“为什么”，然后寻找答案是人类探究未知世界的一条重要途径。但是在人际沟通中针对对方问“为什么”，不是有效的途径，反之，它经常会让对方生气和沮丧。

科学探索上所问的“为什么”，是着眼于未来的“为什么”，目的是探求更多未知的事情；人际沟通中的“为什么”，是着眼于过去的“为什么”，目的是指责和批评。提问中常见的现象是人们把自己的看法变成问题去问别人，患者们不是提出问题，只是借用提问的方式来表达自己的观点。

缺乏经验或者自身知识储备不够的心理疏导工作者，在聆听个体的诉说之后，不知道该从哪里问起。患者们通常不是基于对个体的理解来提问，而是基于自己努力搜索的“知识标签”来提问，其目的只是为了印证自己的假设。这会造成心理疏导的中断，对个体和疏导者本人都是一次挫折。克服这种障碍的有效途径就是真正地聆听，关注于眼前个体，不用担心自己，学会相信，心理疏导最主要的要素就是疏导者本人。只要做到了这一点，就可以从对方的言语中得到启发，深入追问。

（四）“反映”技术

心理疏导者反映的出发点是支持对方，反映的心态是真诚负责、直接明确以及即时的。“反馈”的内容必须是清晰而准确的，不能模棱两可甚至不知所云。最关键的一点是：反馈的内容通常是包含心理学原理在内的真相，疏导者不要用一大堆心理学术语来解释个体；要用对方能明白的语言符号来解释患者的心路历程和心态原委。如果确实需要用到某个心理学术语，就应当给予“名词解释”，以确保对方能够理解。

“映照”是直接、果断、快速的，很多时候疏导者可以说出自己对于眼前这位个体的感受——这是对方给予他人的感觉。所以，疏导者可以大胆表达“我感觉到你……”表述自己的感受可以帮助对方清楚他的位置，“我感觉到你很不开心”“我感觉到你很犹豫”“我感觉到你很放松”等反映真实地照见了对方的状态。只有支持者，才可能做到心中“无我”，平静而客观地表述自己的感受。要注意的是，感受的表达不是要批判对方，而一定是发自内心力量的，患者有怎样的体验，就真实地反映，不能勉强、回避和犹豫，那样只会增加不信任。

当对方抗拒心理疏导者的反映时，心理疏导者自己的反应很重要，它关系到心理疏导能否进行下去。此时，心理疏导者不能采取以下的这些反应：不理对方、继续沿刚才的方向反映、与对方争执，或者向对方解释反应的原因、指责对方的反应、否定对方反应的意思。心理疏导者在情绪上保持安定，焦点放在对方身上，容许对方有任何反应，并且能意识到对方的反应是对自己的贡献，还可以从中找到调整的方向和更深入的真相。

（五）“引导”技术

通常，引导的障碍在于要么“好为人师”，要么“助人自助”。

（1）所谓太“好为人师”，是指把引导做成了“教导”。在揭示了真相之后，心理疏导工作者要鼓励对象作出新的选择，与阿德勒派心理咨询类似，要“帮助来访者重新定向”。这个帮助其作出的新的选择，不是疏导者给予的“教导”，而是由疏导者和被疏导者共同讨论，由被疏导者作出的选择。倘若心理疏导者自以为是地教导别人该怎么做，实际上不仅剥夺了对方的权利，也阻滞了对方的成长。

（2）事情的另一个极端就是“太助人自助”，心理疏导者没有努力使对象发生变化，采取“我该说的该做的，已经说完、已经做好，道理和事实都摆在面前，接下来你自己选择要怎样的生活”的态度。实际上是把对象置于“关系”之外，这是一种交际态度，而不是疏导关系。心理疏导工作者要关心对象的担心，作出和以往不一样的生活选择是需要勇气的，很多人不是不知道自己不该保持现状，患者们知道自己需要改变，可是患者们不能采取行动。

二、心理疏导的重点要领

“聆听、区分、提问、反映和引导”五步手法，是心理疏导者的五种基本方法。运用好这些手法，还需要把握以下重点要领：

（一）主体特征与能力要求

心理疏导工作者，必须是该领域的专家。这是心理疏导工作主体的第一个要求。第二个重要的也是核心的要求是，心理疏导工作者必须具备心理疏导工作技能。

1. 放下自己

“放下自己”是一种态度，而且是一种对自己的态度；态度是能力的一部分，而且是很重要的一部分。对于心理疏导而言，更是如此。把它作为有效实施心理疏导的第一个要领，足见它的重要性。

每一位心理疏导工作者，自身也在一个生命情感的结构动力系统中。并非每一个心理疏导工作者都具备一个盘旋上升的生命阶梯，做心理疏导工作需要“知己知彼”。心理疏导工作者要先对自己有个正确的认知，保持自己良好的心理稳定状态，是有效帮助别人的前提。

随着年龄的增长，人们对于环境的认知会不断变化，但对于自我的认知，通常正好相反，随着岁月的变化我们会变得固定而刻板，那就是习惯了的自己。将患者隐藏的潜能释放到公开的区间来，帮助患者找到心中的自己，这就是心理疏导师要做的事情。

2. 觉知社会界别

在社会这个情境中，人们对人群是有不同的要求和认知的，其中不乏偏见。而偏见一直以来是社会认知的正常状态。同样，每一个心理疏导工作者在其自身工作领域，也受到社会偏见的影响。心理疏导工作者群体（包括心理咨询师群体），本身也很可能受到了很多社会偏见的影响。所以，对自己所在群体的社会界别特征，每一个心理疏导工作者必须有所觉知。

例如，一名医务工作者，想在岗位上使用所学习的心理疏导技术，那么其必须对公众对于医务工作者的普遍态度有所觉知。医患矛盾，短时期内可能难以真正解决。这是挡在医务工作者心理疏导人员和疏导对象之间的一道鸿沟。又如，一名政府工作人员，想在岗位上使用所学习的心理疏导技术，那么其必须对公众的“政府情结”有所觉知。

心理疏导工作者只有觉知到这些，才能够放下源自自己社会界别特征的固定信念，以一个独立的生命个体来面对疏导对象，才能够在疏导过程中言谈举止恰当并得到对方的信任。所以，对心理疏导工作主体的能力要求，除了掌握心理疏导技术，放下自己，还需要拥有谦虚的品质。真正的谦虚是一种谦卑的自信。它源自我们自己对自我和环境关系的正确认知，这是一种对宇宙生命真相的敬畏。在伟大的自然力面前，任何骄傲自大都是愚昧无知的。另外，心理疏导者还应该具备一定的心理韧性，“心理韧性指个体面对逆境、挫折或重大威胁等应激情境下的有效且灵活适应的能力，促进机体恢复正常的生理和心理功能”①。强大的心理韧性能够帮助工作者更好的工作。

3. 具备欣赏能力

人们拒绝欣赏就是因为人或者事物有缺点、有丑恶。每一个心理疏导工作者，要树立以下观念：

第一，欣赏不是因为完美和美好，而是因为人和事物的“特点”。当我们转换思路，会发现“特点”就是完美。完美是一刹那之间的事情，就像拍照，拍的瞬间是很完美的，人生在每一刹那也是完美的。当人们珍惜“特点”，那么在每一个时段上，都可以欣赏到每一刹那发生的事情，也就可以体验到每一刹那产生的完美之美。

第二，欣赏对方的特点，并不是因为这个特点符合自身的要求，而是因为这个特点是符合对方自身需求的。人们之所以欣赏对方的某些特点，不是因为这个特点对别人有用，也不是因为这个特点具有某种先进性，而是因为这个特点对患者自己有用。

---

① 薛冰，王雪娇，马宁等．催产素调控心理韧性：基于对海马的作用机制［J］．心理科学进展，2021，29（2）：311.

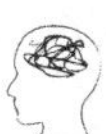

（二）对象特征与主观诉求

“知己知彼”的“知己”部分做好了，有助于更好地“知彼”。“知彼”通常包括两个“理清”和一个“区分”，具体内容如下：

第一，理清，是指理清个体当下状况的来源，即所谓的“相依缘起”。个体的当下状况，是有着其合理的发展路径的，是各种因素相互交集影响而成。心理疏导工作者未必也无须对每一种因素加以分析考量，但是必须对各主要因素的相互制约和影响加以注意，要大致明白它们如何相依缘起造就了当事人的今天。

第二，理清，是要理清个体目前所处的结构关系。例如，患者想要找到自己，符合自身的需求，在他人那里感到自己的存在感等。

一个“区分”是指区分个体“主观诉求”与其“真实需求”之间的差异。这里的“主观诉求”，就是指个体自己明确提出的要求，是关注于具体事情的主观诉求。心理疏导者要区分出这些主观诉求通常只是“表象”而不是“真相”，透过表象去发现真相，就能看见当事人的“真实需求”是哪些。

（三）环境特征与结构动力

虽然生活在同一个世界，但是不同身份、不同年龄、不同社会层面的人，具有不一样的生活群体和社会活动层面。患者们所面临的来自环境的力量是不一样的，要把个体放在患者的环境中去理解。同时，心理疏导者必须要事先进行引导，让当事人看到发生在自己身上的结构性力量，并告诉患者这个结构动力还会在患者身上和结构中的每一个人身上发生作用。

（四）疏导方向与目标设定

心理疏导通过反映、澄清和改变受助者的自我认知，来提高行为能力和改善自我发展，解决的是个体的社会适应问题。如何适应，就有一个选择疏导方向的问题。通常有以下两个维度的方向：

第一，重新认识环境和自我，以接纳环境和悦纳自己，从而提高适应能力。这是一个适应计划。

第二，重新认知自我，并尝试改变自己的固有信念，在自我突破的同时，获得与环境互动关系的改善。这是一个成长计划。

在实际工作当中，很多当事人，可能适合于把“适应计划”和“成长计划”衔接起来，在适应的同时获得成长。这需要心理疏导者确认选择哪个计划，或者选择综合计划。

如果个体有比较强的内省和自我调适能力，也可以把问题摊在桌面上，让个体作出选择。在作出了疏导方向的选择之后，可以设定一个目标。这个目标其实是个体自己作出的“行为宣言”，即个体自己想要“如何与以往不同”。

（五）路径选择与方案制定

在明确了疏导方向和目标之后，心理疏导者就需要选择一个实现目标的路径。路径选择，一是指确定用哪些方式，从哪些角度来改变个体的固有认知；二是指确定个体尝试行为改变的突破口。这个路径通常由心理疏导者根据对个体的了解直接作出选择，如果个体有比较强的自我调适能力，也可以和个体一起讨论来确定。

（六）工作姿态与疏导效果

姿态，是指在参照系中的位置和方向。工作姿态是指工作者所在的位置和工作的方向。不同岗位的工作人员都有其本岗位的工作方向，这可能与心理疏导工作方向有所差异。心理疏导工作者应当注意自身的工作姿态。

另外，心理疏导者有必要让个体真正明白：首先，负责任是一种心态，是对待事物或者生命的心态；其次，负责任是关于自己的，而不是把目标放在别人身上；不是为别人寻找责任，自己才是负责任的主体；最后，个人的一切行动都是自己自由选择的结果，应该对自己的存在、行为负有完全的责任，负责任有“完整接纳自己”的意思，任何外在因素都不是推诿责任的对象。

（七）暂停调整与积极终止

心理疏导工作者要为疏导工作的过程负责，而不是为疏导的结果负责。个体发展到什么程度，患者们的人生命运不是心理疏导者可以代为决定的。并不是每一次疏导都可以产生最佳的效果，也不是每一个人都可以达到自己理想的状态。自助助人是有局限的。个体的生命旅程还在继续着，心理疏导工作者不可能一直陪伴着。所以，承认局限性才能让人们真正担负起“自助助人”的责任来。

当发现进程难以继续，就要勇敢叫停，并邀请疏导对象一起回头寻找问题出在哪里。这样的态度，可以获得对方的配合，并有可能找到答案来调整方向或方法。这就需要心理疏导者保持一种退守的态度。如果疏导者自身过于浮躁，或者因为害怕出错而单纯停留在说服层面中，疏导就会陷入困境。遭遇困境，心理疏导者要调整自己的心态，包括去发现自己的障碍。随着心理疏导者自身的调整，疏导进程会发生变化，原本被阻碍的通路将重新显现。心理疏导者的自我调整，可以寻求同行督导的协助，可以自己静心疗愈，也可以

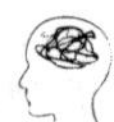

运用“信念显示”和“换位体验”的技术，进行自我对话，聆听来自自己内心的声音，让障碍浮现，并予以消除。

保持退守的态度还包括懂得积极终止疏导关系。心理疏导的关系何时结束，通常不是由个体决定的，而是由疏导者决定的。所有自以为是的自我优越感，只能招致失败，这是心理疏导工作者必须遵守的法则。

第三节 心理疏导疗法的实施

一、心理疏导疗法的一般实施程序

（一）正确的诊断

正确的诊断是治疗成功的基础和前提。正确的诊断绝非易事，它需要正确的方法，它来源于广泛、深入、严密的调查研究。

医生和患者第一次接触就要耐心倾听患者的诉说及家属的介绍，细心观察患者的表情、动作。有的患者由于种种原因不愿暴露自己的隐私，这给诊断带来极大的障碍。医生必须使用各种正确手段启发患者敞开胸怀，明确告诉患者，如果患者不把自己的一切告诉医生，患者的病就不可能得到治疗，不可能帮患者解除痛苦。医生还要向患者强调，越是难以启齿的情况就越要向医生诉说，即便是不愿向父母、爱人说明的情况，面对医生也应该敞开心扉。如果患者不愿家属在场，那么医生应该让家属采取回避措施。医生还要恰到好处地询问，不放过任何一个重要细节。医生要仔细观察患者不正常的表情和动作，并询问患者为何有这种表情、那种动作。医生还要向家属询问患者种种不正常的表现，并设法探究原因。

要求患者写一份自传性病情材料，内容包括：主要经历（特别是那些印象最深，对自己影响、刺激最大的事件），家庭状况（如家庭经济状况，各成员之间的关系如何，全家是否融洽，家庭对患者的教育方式和态度如何，系溺爱、偏爱、压制、残酷、漠视或亲切、温和、教育得法等），学习、工作、生活状况（如在幼儿园中的情况，以及在校学习态度、成绩和爱好，在校道德品质，与老师、同学相处情况，参加工作时间及工作性质，工作中的表现和成绩，与上下级及同级间的关系等），性格（如爱好、兴趣、生活习惯、有无特别的怪癖、有无烟酒嗜好、气质类型等），家庭病史，个人既往病史，疾病（指求治的心理疾病）症状，起病时间，自我估计的致病因素，疾病发生、发展过程，疾病的变化情况和规律性，接受过何种治疗及其效果，看过哪些医书及其对自己的影响等。医生要向患者强调这份材料的重要性，要求详细，不可一带而过，不可遗漏主要的东西；还要求

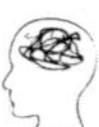

具体，不可泛泛而谈，需用事实说话；更要求真实，要明确告诉患者，心理疏导疗法最忌失真，并向患者说明，病案是保密的，不经本人同意不向任何人披露。

必要时，还要通过各种客观手段如化验、心理测验等检查患者的身心状况。然后，医生把获得的全部材料加以去粗取精、去伪存真、由此及彼、由表及里的思考、分析、综合和推理，作出正确的分析。需要注意的是，对于某些患者而言，正确的诊断需要经过多次反复才能成功。

（二）治疗的过程

第一，要向患者讲述心理生理的一般知识，讲述尽量通俗易懂、生动，如有条件可借助图片、模型等；然后讲述心理疾病的病因（内部的和外部的）和一般规律。

第二，医生应把重点放在阐述患者所患疾病的本质、特点和战胜它的方法上。这是治疗过程的根本性阶段。少数患者可能一点即明，顿然而悟，霍然而愈。但多数患者不可能一次成功，需要一个过程，医生在患者所患疾病的本质、特点和战胜它的方法方面，要多次反复地加以阐述，逐步地使患者加深印象，一直到得到患者的认同。每治疗一次都必须要求患者根据医生的阐述，结合自己的情况写出新的感受和认识，也就是写出反馈材料。反馈材料同样要求及时、详细、具体、真实。医生根据反馈材料给自己下面的阐述增加新的内容，使其更加完备，更加有针对性，更加有说服力。在阐述过程中，医生要尽可能多地列举同类典型病例，具体地介绍各种同类病例的病情、症状与治愈的过程和情况，启发患者领悟。

第三，在取得患者认同的基础上，指导与鼓励患者进行实践锻炼。患者的认同固然是极为重要的，但不付诸实践则功亏一篑，仍然不能痊愈。认识与实践同步是心理疏导疗法的基本原则。医生指导患者实践不仅要从思想上心理上进行鼓励，而且要尽可能进行具体指导，必要时亲自示范；不仅要循循善诱，而且有时需要鞭策甚至鼓励其挑战。只要患者在实践的道路上向前迈进了一步，进行了一次实践，则治愈的成功在握。这种实践需要反复进行，如果能如此，其病必愈。

（三）巩固的过程

患者结束治疗离开医生时，医生要嘱咐患者回去以后，在一定时期内不断温习医生的阐述，并坚持实践锻炼，以巩固疗效。还要嘱咐患者可能出现反复，如出现反复应不惊不馁，沉着冷静，用同样的方法战胜它，如能结合自己情况摸索出新的方法则更好。每战胜一次反复，必有大的收获，得到进一步的巩固（必要时，医生可通过网络交流等方式对患者进行巩固性治疗）。还要嘱咐患者要努力改造性格，断除病根。治愈的患者如能按照医生的嘱咐去做，则疗效定能巩固无疑，取得持久的、彻底的胜利。

二、个别心理疏导疗法的实施程序

“心理师的作用，就是帮助当事者探索人生和生命的意义，不但给眼前的问题找到比较好的出口，而且以后即使风浪再大，他也有能力自己去迎接”。[①] 个别心理疏导治疗是医生必须掌握运用的实施形式，它是集体心理疏导治疗的基础。有的医生可能不善于进行集体心理疏导治疗，但必须学会进行个别心理疏导治疗，否则就无法开展心理疏导治疗工作。个别心理疏导治疗由于面对的是单个患者，可以把整个治疗工作做得更细致、更全面、更深入、更具体、更有针对性，因此医生的信息较易为患者所接受，对特殊的病例具有良好的效果。由于医生和患者的关系直接、贴近，两者便于交流，有利于医生调整治疗方法、措施和内容，所以个别心理疏导治疗占有一定的优势。

但是，也正是因为个别心理疏导治疗面临着单个的患者，而在这个患者的心目中，医生在治疗过程中的一言一行、一举一动都是针对患者的，所以医生的每一表情、每一姿态都必须是严谨的、准确的、科学的、友善的，以产生良性影响。这是很高的要求，医生稍一不慎，就可能造成不好的效果。特别是神经质患者常常倾向于从坏的方面去猜测，医生一个不准确的词，通常正好落在患者已经形成的病态心理基础上，给患者带来不良影响，甚至可能导致危机。

个别心理疏导治疗要求医生处处体贴、关心患者，通过解释、说服、教育、保证、劝告、制止、转移、暗示、讲理、激励、赞扬等手段来改善患者的心理状态，鼓舞患者增强意志和信心，同患者一起战胜疾病。个别心理疏导治疗是一种艺术，通过疏导使患者结合自身领会要领，实与虚密切结合。人总是希望自己能活得更轻松些，自己能得到对方承认，才乐于接受对方的帮助。作为医生，如能正确地把握每个患者的心理状态，在交谈中指出患者的优点及进步，对于调动患者的积极因素无疑是十分有益的。要使用得正确得当，一般应注意以下方面：

第一，客观性。客观性即要坚持实事求是的原则。由于有心理障碍的患者经常会不正

---

① 尉继英．心理疏导帮助我们成长——评《我是催眠师》［J］．出版广角，2016（13）：87.

确地看待自己，所以对患者心理状态的变化应有充分的了解，随时切合实际地指出患者的进步，使患者从中感受到尊重，并不断反观自我价值。

第二，及时性。及时性即要善于抓住时机，发现问题，对具有自卑心理的患者身上的“闪光点”要及时肯定、赞扬，使其很快体会到希望、自豪感，以保护和激发患者心灵的“火种”，增强正面疏导的功能。

第三，针对性。针对性即要依据患者的心理特点，在不同时间、场合采取不同的疏导方式，如有的直接赞许，有的启发暗示，有的点到为止，有的则大张旗鼓起到鼓励、鞭策患者们心理转化的动力作用。

第四，适当性。适当性即要努力把握好疏导的“度”，也就是分寸。“不及”和“过度”都不可，它直接影响着患者对疏导内容的接受与否，甚至会影响医生的威信，损害患者的心理，从而削弱疏导的效果。

总而言之，融洽和友好是个别疏导治疗中医患关系的润滑剂，上述四点是激励患者积极地消除心理障碍的有效措施，必须在治疗中熟练运用。疏导过程是一种双边活动，它是医生帮助患者获得精神食粮的信息传递过程，它不同于物质的传递。因为疏导中任何方式的信息输送都要通过患者自己的积极认识和实践，才能促进心理生理病理向良性转化，这就要求疏导不仅仅停留在医生讲、患者听，医生演示、患者看，医生归纳、患者牢记的水平上，而是要依据疏导过程固有的规律与实际去引导患者主动地获取认识，并使认识与实践相结合。

三、集体心理疏导治疗的实施程序

集体心理疏导治疗是把若干患有同种疾病或类似疾病的患者集合在一起，通过讲座、讨论、问题解答等方式，以达到治愈疾病的目的。这些患者由于同病相怜，很容易互相理解，建立友好融洽的关系而互相主动交往。在这种气氛下，集体的力量、智慧、意志、毅力、勇气能够得到很好的发挥，患者们相互关心，互相感染，互相学习，互相启发，互相激励，互相促进，互相矫正，共同承受疾病折磨的痛苦，共同享受战胜疾病的快乐。在这种情况下，甚至有时可以忘掉自我。很显然，这对患者们战胜各自的疾病十分有利。集体心理疏导治疗能同时对很多患者进行治疗，节省人力和时间。集体心理疏导治疗能使那些陷入痛苦中不能自拔的患者尽快地、及时地得到治疗，从痛苦中解脱出来。所以，集体心理疏导治疗也占有自己的优势。

当然，同类疾病和类似疾病不仅具有共性，同时具有个性。因此，在集体治疗中，必须对患者辅以必要的个别治疗，以弥补集体治疗的不足。集体心理疏导治疗的基本程序如下：

第一，由主讲医师一名和分组医师及护士两三名组成治疗小组，制订治疗计划。

第二，布置集体心理疏导治疗室，要求宽敞、整洁、明亮，温度适宜，环境安静优美。室内可张贴悬挂一些具有教育、启发意义的标语、图表。

第三，每个患者交一份自传性病情材料。

第四，治疗开始。每天上午讲座，下午组织患者讨论，晚上患者写反馈材料。如此反复进行，治疗持续时间需视情形而定。

第五，最后总结。一次总结性讲座，一次总结性讨论，一次总结性反馈。

在集体心理疏导治疗过程中，如何确定每次讲座的内容，如何使讲座通俗易懂、深入浅出、生动活泼、引人入胜，如何在讲座时更好地照顾到点（个别患者）和面（全体患者），如何组织引导好讨论，如何指导患者写好反馈材料，如何使讲座、讨论、反馈三者有机统一、互相配合，发挥各自的功能并增强整体功能，如何尽可能使治疗达到最佳效果，这需要医护人员做好准备、善于创造。

（一）集体讲座

可分系统的集体讲座及专题讲座两种，这种方法应用范围很广，讲座人数根据对象、目的、要求的不同，可以从数十人到上千人，主要分为预防、治疗两方面的内容。预防性心理疏导讲座，即各种心理卫生知识讲座，主要针对健康人，内容包括如何合理用脑，怎样保护神经系统，身心疾病的预防，心理卫生及性教育，老年心理卫生，孕妇及婴幼儿心理卫生，计划生育指导以及并发身心疾病的防治等，听众一般较多。治疗性疏导讲座主要针对身心疾病及其他心理障碍的患者，听众一般较少，以10~50人为宜。

（二）集体讨论

心理疏导集体讨论包括以下两种方式，具体内容如下：

第一，患者提出问题，医生解答。在讨论会上，患者们可能会提出各种问题。治疗医生应根据共性的问题作启发式的解答，尽量让患者联系自身的实践思考、讨论。医生只作重点疏导，并密切联系讲座的内容，不能在个别人的问题上过多地纠缠，以免转移讨论的

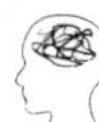

主题，使其他患者注意力分散。

第二，患者提出问题，相互解答，医生以旁听者的身份参加。这时，治疗医生要注意观察每个患者的心理动态，利用时机引导大家相互认识，协调讨论气氛。患者之间互相解答问题可以促进大家积极思考。以自身的经历和感受来帮助其他患者提高认识通常比医生的讲解更具有说服力。很多患者觉得别人的症状可笑，或者原以为自己的病情是最特殊的，最严重的，当与别人比较，发现自己症状并不比别人特殊时，也就容易领悟到自己症结的可笑和不合理，在对别人进行劝说和解释时，也就提高了对自身症结的认识，从而达到豁然开朗的效果。同时，自己所不了解的，由别人告诉患者，而患者自己的经验又可以告诉别人，这种交流会比个别治疗有效。

总而言之，医生要引导患者学会自我评价，对自己的性格特征、病情发展、适应社会能力及心理病理活动等方面进行自我分析、自我认识。在集体讨论中自我评价是患者自我提高认识，自我调节，以发挥治疗能动性的主要前提。患者自我评价越准确，就越能有效地进行实践锻炼与自我心理调节。

（三）总结性座谈会

总结会上大家可自由发言，畅谈治疗中的收获和体会。医生要着重交代患者正确对待可能出现的挫折和反复，始终坚持性格改造，有问题时可与医生取得联系，让患者感到医生始终是患者们的支持者。

第六章　心理压力的治疗及技术应用

第一节　平衡心理治疗的多元方法

平衡心理治疗[①]（BPT）是一种建立在东方哲学体系上的，整合了精神分析、认知疗法、行为疗法、叙事心理治疗以及积极心理学等多种心理治疗流派的治疗取向。它运用平衡学的相关理论，围绕“度”和“关系”两个核心，来帮助个体实现身心平衡状态。

身心障碍是一种失衡状态，身心障碍产生的根源在于个体潜意识中的矛盾冲突，当这种矛盾冲突积聚到一定程度后就会突破原来的平衡状态，表现出各种各样的症状来，如抑郁、焦虑、躯体化等，使得个体更痛苦。而烦恼正是个体潜意识中的矛盾冲突的具体表现，它一方面是客观的、外来的，另一方面也是主观的、自找的。个人对不平衡的处理不当，是烦恼甚至疾病的根源。不合理的认知、环境的影响，都可能引起内稳态的失调。

一、平衡心理治疗的基本原理

平衡心理治疗（BPT）就是运用身心平衡理论和方法打通思维之路的阻塞。BPT 寻求传统的病理心理治疗与当代流行的积极心理治疗的完美融合，强调在不同的文化背景下，纵观时间线，实现身心的多维度平衡，即不仅仅要关注此时此地的当下，还要清晰理解过去的个体经历，更要面向未来，以实现身心灵内部的平衡稳态。

BPT 就是利用人体内的自我平衡系统的整体调节原理，通过医生与患者的沟通了解，将医生的指导信息反馈于病人的大脑高级中枢，调整、完善、修复系统，充分发挥病人的主观能动性，来激发、调动机体的物质能量，促进机体病理状态的良性转归。

BPT 治疗的关键是帮助来访者平衡好度的掌握与关系的协调。平衡既是分量适度，又是关系协调。BPT 的适应症包括身心疾病、躯体症状障碍、抑郁障碍、焦虑障碍、失眠症

---

① 平衡心理治疗来自 2018 年东南大学出版社出版的图书《平衡心理治疗》，作者是袁勇贵。该疗法是袁勇贵主任和他的团队在深刻理解平衡的核心理念的基础上，结合多年来建立起来的知识体系创立的。

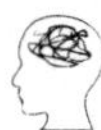

及各类心理问题。

二、平衡心理治疗的治疗目标

BPT 的治疗目标是实现身与心、个人、家庭与社会、自然的和谐统一，从容面对生活。即平衡心理应是积极的、向上的、旺盛的、有效的、平稳的、正常的心理状态，对发展变化的社会与自然具有良好的适应能力。BPT 指导个体的心理来适应家庭、社会、生态环境，特别是对生存环境产生的不良刺激能够及时有效地通过自我调节达到身心平衡。

三、平衡心理治疗的平衡法则

BPT 在临床实践中，常常采用的平衡法则有以下四种：

第一种平衡的方式：用想办法改变现状，从而达到心理平衡。

第二种平衡的方式：扬长避短，另辟蹊径。

第三种平衡的方式：通过理性认识发现自己的闪光点。

第四种平衡的方式：采用“不化解”的方式，减少不平衡感。

四、平衡心理治疗的主要步骤

平衡心理治疗可分为团体治疗、个体治疗和家庭治疗三种类型，均大致包括以下六个步骤的操作流程，顺序并非固定不变，是可以相互融通、动态调整的。

（一）建立信任关系

建立信任关系，治疗关系建立时的破冰效应，了解基本情况。病人的信任、来访者自愿原则是建立良好医患关系的基础，是一个疗法是否能见效的不可或缺的根本。

（二）启发领悟心理症结

情绪情感是人们对客观事物是否符合自身需要的态度的体验，是与人的社会性需要相联系的主观体验。情感平衡是心理幸福感的重要组成部分，是一个人根据自己选择的标准对其生活质量所作出的总体评价。情绪驱使我们采取行动（如逃避、面对或宣泄），如哭泣或大笑都可以释放紧张和压力，任由情绪的能量自然地流动与消耗，可以更好地帮助寻找症状的成因。讲述平衡概念、讲故事（成功案例、哲理故事）、解读平衡箴言。这个过程是要通过生动的叙述，启发来访者领悟自己心理问题的症结所在。

（三）具体症状具体分析

具体分析、剖析失衡原因，提高患者自信。平衡式的人生主要包括六个方面：家庭、事业、财富、朋友、健康和成长。这六个方面重要程度一致，缺少任何一方面，都可能导致身心的失衡。

（四）进行有效重复训练

平衡治疗必须进行有效的训练，包括一系列有效的重复动作和循序渐进的努力。心理训练也是如此，患者需要完成家庭作业，填写平衡反馈单，建立治疗目标，梳理治疗心得，加深自我分析，表达治疗信心。

“目标”能激发生命活力目标的建立，也有助于我们思绪的整理。“目标感强”，对健康有益。生活中是否有追求，这决定了一个人的心态，进而决定其生理状况，甚至可以激发生命活力。如果有目标，就会有积极的心态，努力去寻找实现目标的途径，就会勤于用脑，脑子活动时总是把较多的葡萄糖送到脑中最需要的地方，用脑可促进脑的新陈代谢，所以勤于思考的人的脑血管经常处于舒展状态，从而保养了脑细胞，使大脑“延缓衰老”。目标的实现无疑会让人非常快乐，但这里要注意：“目标”一定要切实可行，不宜过大，逐一实现为宜，否则会起副作用。

（五）采取不同的放松方式

不同的来访者最适合的放松方式可能不一样，是因人而异的。一般包括动态与静态两部分，具体内容如下：

1. 采取动态放松术

动态放松术包括太极拳、瑜伽、平衡保健操等。

（1）太极拳：太极拳动作体松圆活，快慢适度，分清虚实。打拳时按套路调整身体的姿势，进行招式动作，是练形。通过守意，使意念归一，排除杂念，调整心理活动，清静养神。

②瑜伽：通过瑜伽训练不仅使人以新的境界回归本我，而且还能使人感悟自我、领悟超我。从古至今，瑜伽都特别强调发展人际情谊、促进和谐，而且要求突破种族、年龄、性别等的限制，追求人类的博爱和平等，这种基本理念使瑜伽自始至终坚持非常明确的练习目标，即让人们从一切精神怨恨以及与之关联的各种心理和生理疾病中解脱出来，达到最佳的和谐与超脱状态。

③平衡保健操：通过平衡保健操的适宜性训练，能够增强体质，同时有助于改善全身关节滑利、软组织的血液循环和神经体液的调节，活跃肌肉及软组织的营养代谢，起到放松痉挛肌肉、牵引挛缩肌腱和韧带，提高和恢复身体软组织及各关节的活动能力。

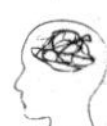

2. 采取静态放松术

静态放松术包括听息、生物反馈训练、冥想、自我催眠等。

（1）听息：即听自己呼吸之气，意念专注于呼吸之间（呼吸之间的停顿为息，功力越高的人越长），开始练习时只用耳听，感受一呼一吸即可，至于呼吸的快慢、粗细浅深，皆任其自然变化，不用意识去支配它。忘记呼吸的时候内心会变得清明，此时五感清晰，外面的干扰如映照在镜子中的影像，过后不留痕迹。

（2）生物反馈训练：生物反馈是20世纪60年代发展起来的一门技术，它利用操作性条件反射原理，使主体得以了解原本很难意识到的机体变化，并通过学习达到随意控制和矫正不正常生理变化的目的。

（3）冥想：冥想是通过身心的自我调节，建立特殊的注意机制，最终影响个体的心理过程的一系列联系，是包括身体放松、呼吸调节、注意聚焦三个阶段的综合过程。冥想通过自我调控练习，让个体产生一种心理幸福感。换言之，冥想不仅强调身体放松，而且也强调认知和心理放松，是一种综合性的心理和行为训练。

（4）自我催眠：催眠的实质即如何通过暗示来影响被催眠者的潜意识。通过对潜意识的积极暗示，可以充分调动人们的潜能，创造超乎想象的奇迹。催眠治疗不仅具有广度，而且具有深度，是走入潜意识深处的一条捷径，也是个体认知自我的一扇窗口。

（六）进行团体互助治疗

发挥团体治疗的优势。心理治疗的疗效在团体治疗中可得到更好的体验，疗效因子包括：希望重塑、普遍性、传递信息、利他主义、原先家庭的矫正性重现、提高社交技巧、行为模仿、人际学习、团体凝聚力、宣泄、存在意识因子。团体成员和团体环境间有着丰富而微妙的动力学互助，成员会塑造自己的社会缩影，会逐个吸纳每个人特有的防御行为。团体互动越自发，社会缩影的发展就越快速真实，团体成员中主要的问题被引出、讨论、解决的可能性就越大。

五、中医学中的平衡心理治疗法

中医平衡思维即用相对平衡的观点去看待生命现象的一种思维方法。中医认为事物在不断地运动变化，统称之为“气化”。阴阳有盛衰、消长、转化等运动变化；五行有生克、乘侮等运动变化；尽管运动变化形式有多种多样，但是强调要达到平衡，而平衡的方式各有不同。

中医学运用平衡思维非常广泛，如五行学说、气血津液学说皆注重平衡协调。阴阳是中国古代的哲学概念，阴与阳分别代表事物既相互对立又相互依存的两个方面。中医学通过阴阳学说来阐明人体的生理现象与病理变化，认为人体阴阳两方面相互依存、相互消长，处于一种动态平衡的状态。如果达不到相对平衡，则疾病即至，就会出现“阴盛则寒，阳盛则热，阳虚则寒，阴虚则热”的病理改变，甚至产生生命垂危之症。这里的阴阳指的是身体中相互平衡的力量，不平衡则会生病。阴阳是通过对立、互根、消长、转化的方式达到平衡。

中医学在平衡思维的指导下，创立了中药的升降沉浮理论，治疗的汗、吐、下、和四法，以及交通心肾、升阳散火、益气升阳、滋阴潜阳、引火归原、降逆纳气等法，以协调升降出入的方式达到平衡。中医学创立的温、清、消、补四法，壮水制阳和益火消阴、从阴引阳和从阳引阴等法，以协调阴阳对立、互根、消长、转化的方式达到平衡。

在中医学中，阴阳可以表达身体中所有那些看似对立实际上是相互平衡的两个侧面。身体是一种活的系统，这样的系统的稳定性就是建立在平衡的基础上的。例如，体温如果要稳定，就必须在体温高的时候有调低体温的方法，在体温低的时候有调高体温的方法。这两种不同方向的、似乎对立的调节之间有平衡，体温才可以维持在一个合适的范围内。体温如此，身体的其他方面也是如此，这就是阴阳的对立和平衡作用。

总而言之，中医学关于阴阳的消长与平衡的认识，也符合“事物的运动是绝对的，静止是相对的”这一定律，即消长是绝对的，平衡是相对的客观规律。换言之，在绝对的运动之中包含着相对的静止，在相对的静止之中又蕴藏着绝对的运动。在绝对的消长之中维持着相对的平衡，而在相对的平衡之中，又存在着绝对的消长。事物就是在消长和平衡这一矛盾运动中生化不息，从而得到发生和发展的。同样，在临床上治疗疾病，亦是根据阴阳相互消长的动态平衡规律，给予一定的条件，采取一定的措施，以纠正或调整阴阳偏盛偏衰的失调关系，使阴阳的消长恢复到正常的生理水平，从而达到治愈疾病的目的。

第二节 积极心理学视角下的心理治疗

一、积极心理学的相关认知

（一）积极心理学的理论

1. 建构主义理论

“社会心理服务体系不仅是心理健康服务体系，更是一种社会治理体系”。① 在后现代哲学思想的影响下，心理学被要求拓宽视野，直面人生，投身现实生活，心理学呈现研究视角多样化，研究方面多元化的发展趋势。与此同时，后现代哲学思想还要求心理学在现代背景下重新对人进行定位，确立价值、目的、意义在人的心理活动中的重要地位。

心理学汲取了现代思想，并且正在发生转变。建构主义作为后现代思想的一股重要学术思潮，也对心理学的发展产生了重要的影响。在建构主义的认知中，意义既不是来自客观世界所固有的本源，也不是来自主观的被认识的世界，而是来自社会共同体的一种主动建构，表现在：第一，人类的“积极”与“消极”的意义在一定程度上也是一种建构；第二，人类的“积极”和“消极”的意义是人类自身主动寻求的结果。

另外，一个人主动构建的心理状态系统通常直接影响着建构的行为应对系统，主要表现在其心理状态系统与行为应对系统的正相关性，即积极应对积极，消极应对消极。同时，积极心理学也在与现代思想的融合碰撞中开启了自身的建构过程，例如，构建的积极人性观、积极道德品质等。

2. 人本主义心理学

人本主义心理学的出现对西方心理学的发展造成了重大影响，它作出的突出贡献体现在使心理学的发展开始注重人或人性的研究。在人本主义心理学的认知中，人性本身是善良的，而且它把人性本善论当成是人本主义动机论以及人本主义人格论的建设基础。在正常的成长过程中以及人正常的自我实现过程中，人性基本是能维持善良的，至少也会呈现出中性状态。

人本主义心理学的出现以及发展让人们对人类精神领域的认知更加丰富，例如，更好

① 彭凯平．积极心理学：社会心理服务体系建设的新思路［J］．苏州大学学报（教育科学版），2020，8（2）：17.

地认识了人的价值、人存在的意义、人自我发展的意义，评判了传统心理学把人兽性化、非人格化和无个性化的倾向。人本主义心理学所倡导的关于人或人性的积极面，与积极心理学肯定人的积极、乐观、正能量的内涵类似，因此成为推动积极心理学发展的重要来源之一。

（二）积极心理学的特点和功能

1. 积极心理学的主要特点

“如何提高人们的幸福感是各领域积极探索的问题”①，积极心理学，是指对生活中的美好部分进行的科学研究，具体关注积极的主观体验（幸福、愉悦，感激、成就）、积极的个人特质（个性的力量、天分、兴趣、价值）、积极的机构（家庭、学校、商业机构、社区和社会）。积极心理学的研究重点是人自身的积极因素，其主张以人固有的实际的、潜在的、具有建设性的力量和美德为出发点，强调心理学不仅要帮助处于某种“逆境”条件下的人们知道如何求得生存和发展，更要帮助那些处于正常境况下的人们学会怎样创造起高质量的个人生活与社会生活。积极心理学带来的好处在于：①发现并发挥自身的优势；②教人们从正面提出问题；③培养积极的心态；④塑造健康的身心模式。积极心理学特点主要有以下方面：

（1）倡导积极的取向。积极心理学是致力于研究人的发展潜力和美德等积极品质的一门科学，积极心理学从关注人类的疾病和弱点转向关注人类的优秀品质，将散落在心理学领域中的有关积极内容的研究集合在一起，用客观实证的方法来探索人类的积极品质和力量，倡导人类要用一种积极的心态来对人的许多心理现象作出新的解读，并以此来激发每个人自身所固有的某些实际的或潜在的积极品质和积极力量，从而使每个人都能顺利地走向属于自己的幸福彼岸。

（2）促进了价值回归。积极心理学在发展的过程中，除了注重挖掘个体的积极品质、塑造个体的积极品质外，还非常注重个体价值的实现、个体在社会当中的发展，这转变了心理学的研究方向和范围，心理学研究不再执着于消极层面，开始研究价值层面。积极心理学除了属于技术科学外，还具备人文关怀，还属于人文关怀科学的范畴，它对人类幸福的关注使心理学重新具备了研究价值，直接促进了价值的回归。

（3）坚持科学的实证。积极心理学的研究方法是在综合其他心理学分支研究方法的基础上发展而来的，具有个性化的研究方法。另外，积极心理学的研究方法实现了人文思想

---

① 陆彩霞，姜媛，方平．积极心理学视野下的孝道及心理机制［J］．心理学探新，2019，39（2）：146.

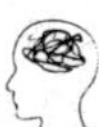

和科学技术的双重结合，既凸显了以人为本的中心思想，重视探讨人性中积极乐观等正面心理机制，同时又将操作性定义、评估方法、实验方法、干预手段、结果验证等科学方法引入到研究过程中，做到了科学性与实践性的有机统一。

2. 积极心理学的主要功能

积极心理学具有积极增进、积极预防和积极治疗三大功能，这些功能都是通过积极干预即培养积极情绪和增强积极人格来实现的，具体内容如下：

（1）积极增进。不能将没有心理疾病等同于心理健康，心理健康的要求更高，它要求人的心理及人的精神应该处于有生机、有力量的强劲状态，积极心理学要帮助有心理障碍的人士以及心理正常的人过上幸福度高、生活丰富的人生。

（2）积极预防。如果能够在人的心理处于较好心理状态时积极预防心理疾病出现，那么在人的心理成长发展过程中将会避免很多麻烦。积极心理学通过研究发现，人的乐观向上、积极勇敢、诚实坚定、人的休闲、人对现实主义的追求、对未来的期待等，这些人格特质都能有效地预防心理疾病的出现，还可以缓解心理疾病的发展。如果个体能够认识这些人格特质，并且增强这些人格特质，那么将能够在很大程度上避免心理疾病。

（3）积极治疗。积极治疗是除了治疗创伤外，还要让个体意识到积极人格力量的影响。积极心理学指出，帮助个体认识优秀的人格力量，帮助个体培养乐观、积极、勇敢这样的人格力量能够缓解个体的心理疾病痛苦，有助于从根本上消除心理疾病。

（三）积极心理学的重要意义

1. 实现心理学价值平衡

“在积极心理学的推动下，西方学者开始关注积极心理与生命意义感之间的关系”。① 积极心理学在研究心理学内容、心理学的发展方向时，始终遵循科学的方法和原则，注重人们积极心理品质方面的研究，追求人类生活的幸福以及人类生活的和谐。它认为人们在经历困难时要注重思考，但是，人类在顺境的生活中也要思考自己周围的人和物。积极心理学对积极品质积极力量的研究使心理学价值实现了平衡。

2. 完善心理学功能

积极心理学对当代心理学功能的完善体现在以下两个方面：

（1）通过正向的心理评估与测量实现对人的全面理解。评估和测量是心理学的重要功能之一，积极心理学的兴起使得心理学的评估和测量变得更加全面、更加准确。积极心理

---

① 刘亚楠，张迅，朱澄铨等．生命意义研究：积极心理学的视角［J］．中国特殊教育，2020（11）：70.

学提供的是正向的心理评估与测量技术和标准，因此，积极心理学的出现可以做到对人的全面理解，从而实现心理学功能的完善。

（2）通过积极心理或行为干预体现真正的健康关怀理念。人的发展主要依靠自身具有的积极的积累，而不仅是问题的消除。积极干预是通过增强人的积极力量或积极品质，来实现问题的消解以及对健康心理的维护。积极干预不仅帮助人们消除了问题，而且还开发出了人类自身的积极品质。

3. 拓宽心理学应用

从当前的发展态势来看，积极心理学不仅在心理学领域里取得了巨大的成就，而且其思想已经渗透进了多个社会领域。

（1）积极心理学和管理学的融合主要注重积极组织行为学研究。积极心理学进行了大量实际研究，主要讨论员工乐观、坚韧及希望的积极心理状态对员工日常工作中的绩效、承诺及行为的影响。另外，员工的三种积极心理状态会对员工日常工作中的绩效、承诺及行为产生积极的影响，状态越佳，积极影响越明显，而三种积极心理状态合并而成的心理资本与后者的影响同样呈现出正比关系。

（2）在经济领域中，积极思想也取得了卓越的贡献。收益和损失是经济学对经济行为结果的两种不同定论，同样可以反映出不同人的心理状态。在实际生活中，人们通常会在利益结果上作出两种选择：①为了获得高回报收益而铤而走险；②为了获得可接受范围内的理想收益而规避风险。

（3）积极心理学在教育学领域的应用主要表现在积极教育。从教育的初始阶段就充分“激活”并注意保护受教育者的积极因素——天生的求知欲、自我意识和自我实现的进取心，因势利导地进行适当的教育，通过得到积极体验从而开发受教育者更大的积极潜力，那么学习过程就会变得非常愉快，成为又一次的积极体验。在教育学领域积极引入积极心理学的方法，与过于关注培养、发现应试能力以及改进学习问题的传统教育方式形成鲜明对比，逐渐成为各学校积极探索教学新模式的首要选择。

综上所述，积极心理学是近年来具有现实意义、适应现代社会发展的新兴学科，在释放负面情绪、负面压力，激发动力和正能量方面将发挥重要作用，并将逐步渗透到社会学、教育学、经济学、管理学等重要领域，成为心理健康培养的重要内容。

 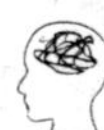

（四）积极心理健康的要素

1. 积极的人格和自我意识

人生的经营需要自我意识和积极人格的结合，人生追求的发展目标是实现自我、对自我有最清楚的了解、最大程度发展自我、获得自我成就，并且不断地完善自我、超越自我。人在实现自我的过程中，主要做的就是不断地缩小现实自我和理想自我的差距，使现实自我和理想自我完美结合。

积极心理学认为积极的人格当中包含诸多积极素质。例如，应该包含团结、努力、友爱精神、积极向上的动力、团结合作的精神等。积极人格涉及两个维度，这两个维度是彼此独立的，其中一个特征是正性的利己，也就是个体要正确认识、接受自我，有人生追求的目标，发现人生的意义，能够独立地应对外界环境发来的冲击和挑战；另一个特征是和他人之间的积极关系，也就是能够在别人有困难的时候提供帮助，能够在遇到困难时获得其他人的帮助，注重自己和他人之间的关系，并满意自己和他人之间的关系。因此，从这个角度而言，积极人格的存在能够让个体使用效率更高的策略解决生活当中的问题，更好、更积极地生活。

自我可以分成两个方面：即作为客体的自我（经验的自我）和作为主体的自我（纯粹的自我）。自我意识就是指人们对自我的认识以及对自己和周围人关系的认识。

自我意识的结构是从自我意识的三层次，即从认知、情绪情感、意志三方面分析的，是由自我认知、自我体验和自我调节（或自我控制）三个子系统构成。因此，自我意识也叫自我调节系统。

（1）自我认知，是自我意识的认知成分，是自我意识的首要成分，也是自我调节控制的心理基础，包括自我感觉、自我概念、自我观察、自我分析和自我评价。自我分析是在自我观察的基础上对自身状况的反思。自我评价是对自己能力、品德、行为等方面社会价值的评估，它最能代表一个人自我认识的水平。

（2）自我体验。自我体验是指个体自我意识传达出来的情感表现。自我体验包括两方面的内容：一方面是自尊心，也就是社会实践当中个体受到的他人对自我价值的肯定或其他相对积极的评价；另一方面是自信心，是社会实践过程当中个体获得的对自我能力的肯定，这是一种对自我完成任务能力的肯定。无论是自尊心还是自信心都和自我评价之间存在紧密关联。

（3）自我调节。自我调节是个体的自我意识对行为、态度及活动方面作出的主动调控。自我调节主要包括三方面的内容：首先是自我检查，也就是个体的自我意识对自我参与的活动过程、活动结果的检查，检查主要依据活动过程和活动结果是否符合活动目的要求；其次是自我监督，也就是个体的行为准则或者是个体的良心对个体行为的监督；最后是自我控制，自我控制指的是个体一直对个体心理方面及行为方面的控制和掌握。自我调节对行为的作用是直接作用，自我调节是个体自我教育及自我发展能够实现的前提，一旦能够实现自我调节，那就代表个体具有自我意识的主观能动性，具有了主观能动性的自我意识会开启行为或制止行为，会控制自我的心理活动、心理过程，也会调节自我动机的积极性。与此同时，自我意识还会对标行动标准，不断地调节自我步伐，让自我步伐和行动标准保持协调。

人的自我意识不是天生的，会伴随着个体的成长和发展而逐渐形成。人在成长的过程中，先会认识外部世界，认识他人，然后才会渐渐地对自我有一定认知，自我意识的形成会受到他人评价及他人看法的影响，并且这种影响会一直持续始终，影响个体的自我意识形成。

积极心理学强调，每一个生命都是被选择的，只要出生就是有价值、有意义的，应对生命充满珍惜与感激、热爱与欣赏。积极的自我同一性不是张扬的而是自然而然的、发自内心而不用借助言语的承诺或外在的东西为自己增加暗示力量的心境或者情绪，也是高自尊的表现。

2. 情绪及身心健康

（1）情绪的特点与类别。

第一，情绪的特点。情绪是人们对外界刺激引起的生理和心理变化的一种主观体验，包括体验、表情和生理反应。情绪主要有以下特点：

首先，情绪是生命中重要的部分。从生理学角度分析，情绪其实是大脑与身体相互协调和推动所产生的现象。

其次，情绪的变化是因为受到了刺激，情绪的产生并不是个体自发形成的，是个体受到了一定刺激。能够让个体情绪发生变化的刺激基本是外在刺激，但是也有一部分内在刺激，这种刺激可以是有形的，也可以是无形的。引起情绪变化的外在刺激主要有个体生活中的人和事、环境等，这些变化都会导致个体情绪发生变化；引起情绪变化的内在刺激主要有个体生理方面的刺激，如身体的疼痛、身体的疲惫等，除此之外，还包括心理方面的刺激，例如某些回忆、某些想象等。

再次，情绪是一种主观体验，而不是问题本身。情绪是由刺激引起的个人的主观体验，并不是问题本身。可是大部分人都把情绪看作问题，常告诫自己不应该有情绪，并压抑自己的情绪。另外，个体处于情绪状态时，可以清楚地体验到情绪的性质是主观的，不

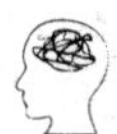

是客观的。对于同一件事情，不同人的情绪体验也不相同。

最后，情绪应该为人服务。情绪体验的产生虽然与个体的认知有关，但在情绪状态下常常伴随着生理变化与行为反应，所以很多人无法控制自己的情绪。情绪是生命的一部分，每种情绪的出现都有其意义和价值，它表达和传递着内心的需要。情绪就像手和脚、学习的知识、积累的经验、培养的能力一样，是为人服务、使人生更美好的，并且有很多方法能够帮助妥善管理自己的情绪，成为情绪的主人。情绪无所谓对错；情绪可以累积也可经疏导而消散；情绪对当事人而言都是真实的；情绪会推动行为。所以了解、接纳、管理自己的情绪很重要。

第二，情绪的类别。关于情绪的类别，从实用意义出发，可以将情绪分为积极情绪和消极情绪。例如，快乐、开心、喜悦、幸福属于积极情绪；生气、痛苦、悲伤、愤怒、难过属于消极情绪。现代心理学将情绪分为以下基本类型：

快乐。快乐是指人们追求目标逐渐实现时替代紧张情绪出现的情绪。快乐有不同强度，最基础的是愉快，最高级的是狂喜。之所以会产生强度的差异是因为不同的目标具有的价值对个体不同，比较难以实现的目标实现时个体会获得更高的快乐。

愤怒。愤怒是指人们追求目标遇到阻碍且目标无法实现时，身体出现的情绪。人的愤怒也有不同的程度差异，如果对个体来讲，愿望的价值比较一般，那么个体通常会感觉到不快乐或生气。但是，如果个体遇到的困难是不科学的、不合理的，那么个体会变得异常愤怒，甚至可能无法控制自己的愤怒，这样的愤怒对人的身心有非常剧烈的伤害。

恐惧。恐惧是指个体想要逃离不利事物，但是又无法逃离时身体产生的情绪。因此，恐惧情绪产生的前提条件有两个：①存在危险情境；②人不具备处理危险或应对危险的相关能力和手段。

悲哀。悲哀是指人们失去人生目标、失去人生价值时身体产生的情绪。悲哀程度主要受到失去的事物所具备的价值的影响，人在悲哀时，身体会释放一种紧张情绪，人可能会陷入哭泣。

以上四种情绪与人的基本需要相联系，通常具有高度的紧张性，是人和动物共有的原始情绪。

（2）情绪与身心健康的联系。积极情绪能够消除消极情绪导致的生理反应。在面对压力事件时，常处于积极情绪状态的人更不易生病；而对于病患，那些处于积极情绪的人更愿意接受医生的建议、配合治疗并进行锻炼。

另外，消极情绪提醒注意环境的危险，但当感受到消极情绪的时候，反应会变得狭窄；反之，积极情绪代表着安全，对积极情绪采取的内在反应扩大了选择的范围。在积极心理学的认知中，情绪本身不能战胜情绪，但可以通过情绪的精神化和创造性使情绪成为

具有生命力的、流动的能量，积极情绪具有适应意义，是对个人信念和价值的真诚表达，而不是被动迎合别人和社会的期望。情绪的创造性因其特异性、有效性以及情绪的本真性，可以使个体在苦难中找到生命的意义，是有意义的灵活流动。

3. 感恩的积极心理

感恩是积极心理学关注的人的重要特质，它是在人的发展过程当中个体因为受到社会或者对他人的帮助而产生的对社会或他人的认可，以及对社会或者他人的回报，这种回报可能是认知层面的，可能是情感层面的，也可能是行为层面的。

感恩能够带给人力量，是人不断前行的动力，具有感恩的心的个体通常有一种坚定的信念，在坚定信念的支持下，个体会奋发前进，也能够改变周围的人和事，让周围的人也加入乐于助人的行列中。除此之外，如果一个人的内心善良，始终充满感激，那么它的积极情绪会使得它受到周围人的欢迎。感恩带来的力量是积极的，这种力量在积极心理学中一直被重点研究与提倡。感恩是一种生活态度和一种行为习惯。感恩是教养的产物，不是所有人都具有的，感恩需要养成式学习，学会感恩是人性的极高境界。感恩不能只是埋藏在内心深处，需要习惯于把自己的感激之情用言语、行动表现出来，让曾经给予关心和帮助的人感受到谢意。

积极心理学认为，人格特征的维度包括个体和他人之间的积极关系及正性的利己。感恩包含了这两个维度，它除了对自己有利外，对他人以及自己和他人之间的关系发展也有利，感恩心理体现的意义主要有三个：

首先，拥有一颗感恩的心能够让个体的人格更加完善，能够让个体的心理发展更加健康，如果个体的人格是完善的，心理是健康的，那么个体对周围社会环境的感受就会是友善的，会感激他所遇到的人和事。对个体感恩心理的培养有助于个体人格发展的完善。与此同时，个体的感恩情绪被唤醒，个体能够发挥自己感恩的心去融化他人的心，个体能够形成乐善好施的品德，回报社会给予他的温暖和善良。培养他的感恩意识可以让其更注重自我价值培养，可以让其始终为他人考虑，除此之外，还能够让他拥有更开阔的胸襟，拥有更加豁达的性格，始终对社会以及周围的人和事抱有感恩的态度，始终积极的热情的拥抱生活，这时的社会就会形成人人充满感恩的良好风气，会抑制很多不健康问题。

其次，拥有一颗感恩的心能够让个体意识到自身的社会使命，有更多的社会责任感。懂得感恩的人会不断地反省自己，会更加体谅父母的付出，对他人的善良会报以更多的感激，也只有懂得感恩后，个体才会明白自身的成长离不开周围的人和事，离不开社会的支持。这使个体会更加感恩社会，感恩自然，同时也会自主地加入社会的发展建设中，自主维持社会的良好形象，承担建设社会的责任和使命，人会变得更加有人情味，社会氛围也

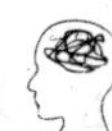

会越发的良好。感恩是中华传统美德，代表了人们心灵的真善美，是我国人文素质培养的重要内容。如果一个人有感恩的心，那么他必然也会拥有道德，拥有诚信，他们也会更容易获得社会其他个体的尊重和信任。也就是说，他们在社会当中有更高的受欢迎度，他们更容易获得具有责任感和使命感的工作。在这样的工作岗位中，他们能够获得更快的成长，能够更好地适应社会，因此，如果大家能够有一颗感恩的心，那么大家就能够更快地获取社会资源，更快地加入社会，社会中的资源会成为大家成长的重要支撑。

最后，用一颗感恩的心能够构建和谐的人际关系。人际关系的和谐有助于社会的和谐稳定，如果一个人时常对他人的帮助心存感恩。那么这个人和社会其他个体之间的关系也会变得和谐友好，个人也容易形成较好的人际交往素质。个体在受到其他人的恩惠帮助后会由衷地对他人的帮助心存感激，这会使双方的人际交往呈现良性的发展，有益于二者的情感交流和沟通，放大到社会环境中，就会形成一个和谐稳定的社会。

4. 积极的行动能力

生命因目标明确而璀璨。人的一生中会遇到许多需要珍惜、把握的事情和机会，也会有很多不平与挫折的经历，但只要每天向目标迈进一点点，成功就会循序渐进地变为现实。

成功者是极少数的原因是大多数的人没有明确的人生目标以及积极的行动。成功者并不是幻想家冒险主义者，而是进取的现实主义者。成功者拥有积极心理，不受外界环境的干扰。成功者能够集中精神，按照计划，直至成功，显示出积极的个性素质。成功就是一个人事先树立的有价值的目标被循序渐进地变为现实的过程。

成功需要勇气，需要勤奋，驱使勤奋的动力源于自我的需要。参加的活动或从事的工作，不仅应该于己有益、让自己快乐，而且最好对他人、对社会也有帮助，即成就自己，造福他人。此外，人们寻找的快乐也需要是真实的、有意义的。

5. 健康的生活状态

“积极心理学致力于发展人类的优势和美德，激发自身的积极力量，构建更积极的生活态度和幸福人生”。[①] 身体是人类存在的基础。有了健康的身体，才能更加积极有效地投入学习和工作中，更加充分地享受生活的乐趣。因此，大家需要照顾好身体，保持健康。运动不但能改善生理素质，更能改善心理素质；运动能快速减轻紧张、焦虑的感觉以及加强活力感，这些功效是长期性的。

另外，酣睡有舒缓作用，能帮助消除压力、改善情绪。坚持锻炼、充足的睡眠和健康的饮食习惯都会对身体和精神健康大有裨益。此外，专注力练习及冥想也是减压的有效办

---

① 夏辉．积极心理学在组织管理中的应用初探［J］．中国商论，2018（3）：70.

法。通过培养放松精神的技巧，冥想等活动可以有效得到精神及情绪上的平静。

（五）积极心理学研究的内容

积极心理学应该关注三个层面的内容：一是主观层面，就是研究积极的情绪和情感，即主观幸福感；二是个体层面，即积极人格特质；三是群体层面，即积极的团体和社会制度，包括关系良好的团体、幸福的家庭等。所以，主观幸福感、积极人格特质、积极的团体和制度就是积极心理学研究的主要内容。

1. 主观层面的幸福感

幸福是一种主观体验。心理学家以个体的主观判断标准来界定幸福，即认为幸福就是评价者根据自己的标准对其生活质量进行的综合评价。“主观幸福感”是指评价者根据自定的标准对其生活质量进行的整体性评估，它是衡量个人生活质量的重要综合性心理指标。个体主观幸福感的核心内容是对自己生活的总体满意感，即个人对自己的行为和整个生活质量是满意的，而且这种满意感是全面、深刻、稳定、长久的。另外，幸福虽然是主观的感受，但并不是主观感觉，幸福是在做事情过程中产生出来的积极情感与认知。

主观幸福感包括三个特性：①主观性。它存在于每个人自我的经验之中，对自己是否幸福的评价主要依赖个体自己定的标准，而不依赖他人或外界的标准，人们可能具有同等程度的幸福，但它们的实际标准却是不一样的。②稳定性。个体的主观幸福感是一个相对稳定的值，具有跨情景的一致性，反映的是个体长期而非短期情感状况和生活满意度。③整体性。主观幸福感不是指个体对其某一个单独的生活领域的狭隘评估，而是指个体对其生活的整体评价。例如，要了解某个人的生活满意度，并不是仅仅询问其对工作或家庭等某个方面是否满意，而是要了解他对生活总体的满意度。总而言之，主观幸福感是个人所具有的一种独特的心理状态，是一个人积极体验的核心，同时也是其生活的最高目标。

（1）主观幸福感理论。主观幸福感理论包括以下方面：

第一，遗传和人格理论。气质和人格对主观幸福感有重要的影响，并且人格中的外倾性和神经质与主观幸福感有很强的相关性。例如，在双生子研究中发现，不同家庭环境中长大的同卵双生子在主观幸福感的水平上比在同样家庭环境中长大的异卵双生子更接近。另外，通过多种方法测量得出外倾性与愉快影响的相关性高达 0.8，而外倾性是来自积极情感的个体差异，主观幸福感在受人格影响的基础上，生活事件的变化也会引起主观幸福感的变化，如果生活状态重回正常，那么主观幸福感的水平也会恢复到正常状态。此外，许多其他特质与主观幸福感相关，如压抑地顺从、信任、控制、自尊等都与主观幸福感相关。基于格雷的人格理论，沃森和克拉克假设神经质和外倾性分别对消极情感和积极情感

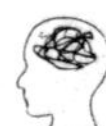

具有较高的气质易感性，即对主观幸福感起着气质性作用。

第二，比较理论。比较理论认为，一个人感到幸福与否，是通过将现实的境遇同某一标准进行比较、判断而得到的结果。这一标准可以是内在的，也可以是外在的。当现实条件优于标准时，主观幸福感则高；反之，当标准优于现实条件时，主观幸福感则低。这一理论实际上包含了三个子理论：社会比较理论、适应理论、自我理论。

社会比较理论指的是个体和其他人对能力、观点认知以及感觉等方面的差异，从比较方向上来讲，社会比较属于横向比较，如果个体比别人优秀，那么个体会明显地感觉到幸福感上升，如果个体没有别人优秀，那么个体会明显地感觉到幸福感下降。经常向下比较的人会更加幸福，经常向上比较的人会更加不幸，因此，经常向下比较的人会更加乐观，经常向上比较的人会更加悲观。在现实生活中，很多人倾向于拿自己没有的和别人拥有的去比较，拿自己的短处和别人的长处相比较，拿自己现实中的生活情景和电影、电视、互联网等媒体所呈现的典范相比较，从而导致自己不愉快。这种不幸福和这种消极的社会比较有很大关系的。

适应理论指的是纵向方向上的比较，是个体和自己做的对比，这和社会比较不同，社会比较中个体是横向的和其他人对比，但是适应理论是自己和自己在时间上的纵向比较。如果相比于过去的生活个体现在的生活更好，那么个体就会觉得非常幸福，反之，个体就会觉得没有那么幸福。个体曾经的生活是他未来生活幸福感的参照标准，如果个体和他过去的生活相比，发现现在更优越时，那么他就会获得更多的幸福感，这种感觉在日常生活中经常出现。通常情况下，人们初次遇到某件事情时，会根据事情的性质来判断事情是幸福的还是不幸的。但是，如果同一件事情反复出现，那么它带给人们的情感触动就会逐渐变小，因为人们对事情有一个适应过程，如果人们长时间沉浸在幸福中，那么对幸福的感触就不会那么灵敏。同样的道理，如果人们长时间沉浸在悲伤当中，那么对悲伤的感触也不会像之前那样灵敏。因此，如果想要引起个体情感的变化，那么需要改变事件。但是，人们对外在事物变化的适应能力很高，很多时候事件对人们的影响可以忽略不计，这也是为什么生活中的某些事件无法对人们幸福感造成较大影响的原因。

自我理论是人们心理上对自我认知的划分。自我理论可以看成是适应理论的一部分。心理学认为个体会把自我分成理想自我与现实自我，人们会把现实中的自我和理想当中的自我比较，如果现实当中的自我表现超过了人们理想当中的自我，那么个体会感觉到明显的幸福感。但是相反，如果现实自我没有超过理想自我，那么个体就会更加悲观，能够获得的幸福感也会有所降低。例如，理想中的自我是一个有修养、有气质、收入高、受人尊重、人际关系良好的人，如果现实果真如此，会感到很幸福；而若现实与此有很大差距，会感到失败、沮丧。

第三，目标理论。在目标理论的认知中，主观幸福感产生于需要的满足及目标的实现，目标和价值取向决定人的幸福感。如果在生活中设定了合适的目标，就能够使人的生活更加有意义，而且能使人产生自我效能感。目标与人生活的文化息息相关，不同文化背景下的人，目标种类、结构、向目标接近的方法不尽相同，只有目标与个人的生活背景相适应，才能提高主观幸福感。例如，当个体的目标与内心的需要相一致时，目标的实现才能提高主观幸福感。随着经济发展的迅速，收入剧增，但是主观幸福感并没有随着收入的剧增呈现急剧上涨的趋势，而是平稳发展。这是因为人们的预期随着收入的增加而增加，所以主观幸福感没有显著提高。

第四，活动理论。在活动理论的认知中，人幸福感的获得是因为参与了活动，而不是实现了活动目标。例如，在打篮球的过程中，队员们相互支持，全力合作，在进球时共同欢呼，在失球时共同惋惜，在活动的过程当中，每一位队员都体会到了活动的乐趣，队员们真正关心的也并不是比赛的输赢，而是活动过程中的情感投入，他们情感上获得的欢愉使他们行为和意识统一，活动让他们达到了忘我的境界。在活动当中他们会经历一种难以言喻的喜悦。

（2）幸福感对健康的重要影响。幸福是一个人积极体验的核心，同时也是其生活的最高目标。幸福的核心内容是对自己的总体满意感，这种满意感是全面且深刻、稳定而长久的，所以对身心健康具有较大影响，幸福虽然是主观的感受，但它是行动产生的积极情感和认知，幸福在于在做正确的事情的过程中实现了自我潜能，获得了安全感、幸福感以及个人成长。同时，幸福有别于快乐，是一种比快乐更加高级和复杂的情感，快乐是即时的，与正面刺激有关的身体反应，在快乐面前人是被动的，快乐不一定幸福，快乐有时甚至是对幸福的损害。

幸福是人类的需求得到满足后或人类的理想实现时人类的情绪状态。幸福是非常复杂的，涉及多种层次的情绪，它需要心理因素，例如，情感、兴趣、爱好等和外部的因素共同作用才能形成，每个人对幸福都有自己的标准，人们会对自己的生活质量有一定评估，对于生活质量的评定而言，幸福是一项非常重要的指标。

人情感上的幸福会对人的免疫系统产生有利影响，如果个体相比于其他人有更高的幸福感，那么个体能够获得的幸福体验也是更强烈的，个体的免疫系统也会更高效地工作。微笑能够让人获得更加积极的情绪体验，提高免疫系统的免疫功能，这足以说明情绪能够影响人的免疫系统，如果一个人的主观情感是幸福的、积极的，那么他也会更加健康。幸福是个体获得的一种主观体验，个人一旦体验到生活的意义就产生了幸福感。

2. 积极正向的人格特质

（1）潜能。潜能也称能力倾向，是在当前发展阶段已经显现出的一种潜在的、有助于

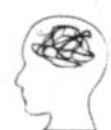

某项活动顺利进行的可能性。潜能不会自动成为现实的能力，这种可能性必须通过学习、培训及其他手段才会变为实际能力。

潜能是人类所具有的但是暂时被遗忘的能力。潜能存在于人类的潜意识当中，人类的潜意识中包含很多遗传基因，例如，生存的本能、控制人类生存的自主神经系统功能。一般而言，就是人类过去掌握的最优质的生存信息都储存在潜意识中，因此，如果能将潜意识开发出来，那么愿望在理论上来讲都可以实现，但是潜能具有隐蔽性，因此导致潜能并没有被每个个体充分的利用。人的潜能主要包括以下方面：

第一个方面是生理潜能，指的是人生理方面的组织状况，尤其是人的脑部神经结构、脑部神经机能，生理潜能具有的特点是：它是人类演化过程当中对经验的积累、沉淀和浓缩，并且内化成生物基因的方式随着人类的繁衍而遗传，在遗传的过程中不断巩固，一直延续至今。对人的潜能而言，生理潜能是基础，人的潜能素质的提升必须依赖生理潜能。

第二个方面是心理潜能，是人心理活动发展依赖的稳定的心理品质、内在的心理品质及深层的心理品质。心理潜能是心理活动能够开展的根本动力，心理潜能主要包括两个层次：其一，内在驱动倾向性心理素质，主要包括个体需要、个体兴趣以及个体动机；其二，内在自我调控性心理素质，主要包括激励功能、调控功能，它的作用是对潜能结构活动的状况加以影响、制约。

如果个体的心理素质健康、优良，那么个体的心理也会处于积极向上、奋发图强的状态。健康的心理素质要求心理活动发展依赖的必须是内心深处的稳定的心理品质，健康的心理素质为个体的心理活动设置了标准的强度指标、任务指标、稳定性指标及灵活性指标。在潜能结构中，个体心理素质处于心理动力倾向性层面，是潜能结构发挥创造功能的动力，推动潜能结构充分创造。

（2）乐观。积极心理学强调人最难改变的是看待事物的视角，快乐与否在大多数情况下取决于主观意识；态度不同，心情自然也不同。乐观是世上人、事、物皆快乐而自足的持久性心境。心理学中对于乐观的定义主要有乐观人格倾向和乐观解释风格两种。

乐观人格倾向也经常被称作气质性乐观。乐观人格特质相比于其他的人格特质是比较稳定的。乐观的状态表示人们始终对未来发展抱有期待。乐观人格倾向理论指出人是连续体，在连续体的两端分别是乐观者和悲观者，乐观者始终认为未来发展是好的，悲观者认为未来发展是坏的，他们表现出了非常明显的乐观倾向或者是悲观倾向。乐观型的人格特征能够让个体产生一种良好的自我激励。

人们认为乐观属于解释风格。解释风格是个体在解释成功或者解释失败时主观上的明显倾向。通常而言，可以把解释风格分成两种不同的类型：其一，乐观解释风格，这种风格的个体会把自己遇到的悲观事件或悲观体验理解成是外在因素或者特定因素或暂时因素的影响，这些因素没有普遍意义；其二，悲观解释风格，这种风格的个体会把自己遇到的悲观事件或体验理解成是内在因素、稳定因素及普遍因素的影响，乐观解释风格理论强调人之所以乐观，是因为它对事件产生原因的理解模式不同，每个人的认知不同会有不同的归因模式，进而表现出来的个体人格特征也不同。

乐观人格倾向与乐观解释风格的共同点是：乐观的人格特质是稳定的，它们的不同点在于对乐观的理解角度有差异。在乐观人格倾向的认知中，乐观是因为个体对未来发展抱有期望，从直接角度对乐观进行诠释。但是乐观解释风格从一个人对事件的归因模式来定义乐观，即是从间接角度出发对乐观进行的诠释。总而言之，乐观是非常重要的人格特征之一，它受到归因模式的影响对未来发生的事情有了积极期待，能够调控人的心理和身体的健康，对于心理和身体的健康发展来讲，乐观是至关重要的内部资源。

乐观的作用主要如下：

第一，乐观能够让个体更健康。个体的健康与否在一定程度上取决于个体的认知，个体对健康的看法不同会导致个体采取不同的行动，如果个体始终保持积极的状态，那么个体能够在一定程度上避免疾病，从这个角度来讲乐观就像人的免疫系统一样将疾病阻挡在外。相比于悲观者，乐观者受到的疾病侵害更少，而且乐观者通常更加长寿。除此之外，乐观还能让个体的心理发展更加健康，乐观者比悲观者有更强的适应能力，也更容易感觉到满足，所以他们不会轻易变得抑郁。

第二，乐观可以让个体获得更多的成就。乐观的人和悲观的人之所以会有差异是因为他们在实现目标的过程中态度不同，乐观的人对接下来发生的事情始终抱有期待。此外，他们对完成目标更加执着、忠诚，他们一步一个脚印地慢慢完成很多小目标，然后实现最终的目标。

第三，乐观让人们获得更多的资源。乐观的人更愿意和人交往，这样他们便有可能获得更多的社会支持资源，如朋友的帮助、同事的支持、领导的赏识，从而拥有更多发展自身能力的机会。乐观的人自尊心更强，在遇到困难和打击时，他们会以积极的态度，迎接困难，会根据当前情况分析，寻求外界的帮助，采取相应的策略，最终解决困难。除此之外，他们还会自我改进、接纳，会积极地分析困难，将自己的注意力放在爱好或兴趣上，以此能让自己获得更多资源，最终突破困难。

第四，乐观能够让个体得到更多的认同。在群体生活中，乐观的情绪更容易传播，人们也更容易被乐观的情绪感染，因此，乐观的人通常能够得到群体的认可，通常能够更容易成功。

（3）自我独立思考能力。自我独立思考能力是积极的人格特质中一项较为重要的特质，一个人对问题是独立思考还是依附于他人，对这个人的成长起决定性的影响。自我独

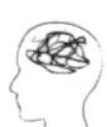

立思考能力与先天条件、成长环境、后天学习与激励三个方面有着密切的关系。除此之外，后天的社会价值观念的影响和生活经历的磨炼也会影响自我独立思考能力的成长和提高。

（4）美德与力量的分类。积极品质研究的最大的成果是对人类美德与力量的分类，这不仅是对人类积极品质的明确，也是对不同版本的《精神障碍诊断统计手册》的正向补充，其展示的是跨文化背景中一致认同的力量与美德。

（5）自我决定论。自我决定理论企图为人们的自我组织行为及社会行为设定一个基础，包括个体的基本动机、个体的发展、个体的社会心理，并为基础的规定提供准确的经验数据。自我决定理论先做了一个假设，如果个体存在基本需要，那么个体在社会当中的人际关系会影响个体心理需求的满足。如果个体不能够表达自主性，不能够表达自己的能力与归属，那么个体可能就不会出现表达内在动机的行为，他们的成长能力也会受到一定抑制和影响。

（6）创造力与天才培养。创造力是产生新思想、发现和创造新事物的能力，是成功完成某种创造性活动所必需的心理品质，也是现代社会人才培养的重要内容。作为积极心理学的重要研究内容，创造力主要表现为发散思维和变通能力。因此，天才通常具有极强的创造力，他们在自己擅长的领域能够表现出极强的积极主动性和创造性，而这种天生的能力和属性大多与生活和家庭环境有关。

（六）积极心理学的发展趋向

积极心理学是心理学理论学习的发展方向，它是一种创新的研究模式，具有积极的作用和价值。积极心理学的出现及研究打破了以往消极心理学的研究范式，积极心理学的核心思想是它认为人类身体当中固有的因素是积极的，主张应该研究人的价值、美德、发展潜力，应该从人文关怀的角度让所有人都能够幸福地生活。“积极心理学提倡用一种积极的、健康的心态来对人的心理现象做出解读，进而提升个人的素质和生活的品质”。[①] 积极心理学的研究和以往心理学的研究有很大不同，在未来的发展过程中，积极心理学主要要完成的是积极心理学理论体系的建设，并不断扩大积极心理学涉及的研究范围，这必定是一个长期且漫长的过程。

1. 积极心理学研究领域的发展趋向

人的素质培养、性格养成、心理构建都离不开与之息息相关的社会、家庭等因素的制约，因此积极心理学研究要统筹兼顾影响“人”的要素之间的关系。具体而言，在积极心

① 陶文翠．积极心理学视野中的幸福教学［J］．现代中小学教育，2012（8）：25.

理学研究领域发展的研究内容上，应重点关注以下三方面内容：

（1）拓展积极心理学的心理体验研究。心理体验研究是建构积极心理学研究的基础和核心，主要包括积极心理状态、乐观心理状态、快乐体验等。

（2）拓展积极人格品质的塑造研究。积极心理学研究的对象是人性中积极、正面的因素，其目的在于培养健康的人格品质、提升人的幸福感，因此拓展人格品质塑造研究不容忽视。

（3）注重心理体验、品质塑造与环境的内在联系。在社会环境中得以获取积极乐观的心理体验，养成良好的人格品质塑造，二者又将对社会环境产生影响，因此注重三者之间的内在联系应当是积极心理学研究的重点。

2. 积极心理学研究技术的发展趋向

积极心理学研究以人作为社会主体，在社会生活中所应当具有的人本善、乐观、积极的心理机制，这与传统人本主义所倡导的精神内涵有相似之处，因此，人本主义的研究方法可以为积极心理学的研究提供借鉴和参考。值得注意的是，人本主义的研究方法并不是完全适用于积极心理学的研究和探讨，有鉴于传统心理学侧重于研究人的疾病和负面心理，积极心理学着重研究能使个人和社会繁盛的正面力量和美德，从而帮助人们的生活更加幸福、充实，组织机构更加昌盛卓越，社会更加和谐向上。因此，将科学技术与人文精神相互统一，建构以科学数据为基础、精密实验为支撑、标准测量为方法的积极心理学研究体系，来研究人类的力量和美德等积极方面，才能实现积极心理学研究目的。

3. 积极心理学终极目标的发展趋向

积极心理学可以看作是心理学新开辟的领域，重点关注的是那些可以提升生命价值的事件。与其他心理学分支相比，积极心理学把挫折等消极因素看得更加微小，但是也同样承认消极因素的重要存在价值。积极心理学以实现人类幸福生活为目标，因此在未来发展趋势上，应更加突出人的主体地位，以提高人的能力、良好的心理状态为重要内容，关注人的心理中积极、乐观的正面因素，研究人的价值和个性，这不仅仅是积极心理学发展与进步的大势所趋，更是推动现代心理学减少现代化进程负面影响，重构人类文明体系，实现人类可持续发展的重要力量。

二、基于积极心理学视角的心理治疗

（一）积极心理学视角下的心理治疗模式

积极心理治疗是一种跨文化的、结合了多个心理治疗流派的理论与方法的治疗模式，

“将这些传统心理治疗的思想与技术置于现代心理学的视野中也有其自己的特色与价值”。① 积极心理治疗主要包括了主导疗法与辅助疗法两个部分，主导疗法运用五阶段疗法，辅助疗法主要通过讲故事的方式进行。

1. *心理主导疗法*

以解决冲突为导向，以现实能力为依据，五阶段疗法具体分为观察和保持距离阶段、调查阶段、场合鼓励阶段、语言表达阶段和扩大目标阶段，具体内容如下：

（1）观察和保持距离阶段。此阶段的目的是通过对来访者的处境进行分析，使来访者获得从其他视角来审视自己处境的能力。观察和保持距离阶段强调治疗师和来访者建立良好的关系。在这一阶段，来访者要在治疗师的指导下，以文字形式记录自己在怎样的情境下对他人或事件感到恼怒或感到愉快，以及自己作出了如何的反应。再与治疗师探讨自己在这样的情境下可以作出其他哪些更好的反应。治疗师应注意让来访者自己去探索可能的反应，而不是提供现成的解决方法。

（2）调查阶段。来访者根据对自己与冲突伙伴的观察，把结果记录在鉴别分析调查表中：自己与冲突伙伴的哪些现实能力具有积极性（标“+”），哪些现实能力具有消极性（标“-”）。然后分别找出其本人和伙伴容易产生冲突的现实能力，并对这两组现实能力进行比较。调查阶段的重点在于区分，经过这一阶段的治疗，来访者能够对自己以及伙伴的性格、行事风格和能力作出较为系统全面的描述，并为下一阶段的治疗奠定基础。

（3）场合鼓励阶段。在鉴别分析调查表的基础上，来访者需要找出自己与伙伴的积极和消极的品性，学会摒弃对冲突对象的消极品性的批评，对伙伴身上的积极品性进行鼓励。同时，也要找出与来访者自己的态度相关且容易引起矛盾的同伴消极品性。与行为疗法想法相反，场合鼓励阶段的重点并不在于纠正来访者的不当行为，而要注重改变习惯的交往模式、建立伙伴之间的信任并改变来访者的态度，为下一阶段的治疗奠定信任基础。

（4）语言表达阶段。语言表达阶段治疗师指导来访者逐步练习和伙伴进行沟通，既要提到来访者自己的积极的方面也要提到消极的方面，需要其和伙伴讨论出现的冲突和问题。在谈话过程中，当伙伴诉说自己的困扰时，来访者要礼貌地倾听，并把自己的问题坦诚地诉说给伙伴。对导致冲突的行为进行讨论，并设想它们的后果，大家一起为出现的问题探讨共同的解决办法，同时也要对伙伴的发言给予合理的赞扬。经过这一阶段，来访者可以注意到伙伴的积极能力，并在双方之间建立良好的信任。

（5）扩大目标阶段。来访者对自己受到限制的目标的突破是扩大目标阶段的一个重要

① 燕良轼，曾练平．中国传统心理治疗理论与实践［J］．中国临床心理学杂志，2012，20（1）：135.

的具体治疗内容。这一阶段的目的在于让来访者学会不把冲突转移到其他行为领域，拓宽来访者的视野，使其脱离心理治疗，获得追求新的、过去未体验过的目标的能力。此阶段来访者在指导下找出目前被忽视的现实能力、被忽视的认识能力的媒介，以及忽视的关系。治疗过程中应有意把来访者的冲突伙伴纳入其中，同时要强调来访者的自助，最终使来访者摆脱限制，展现自己开展活动并争取朋友共同参加的能力。

总而言之，在以上五个阶段的治疗中，观察和保持距离阶段与调查阶段属于首次治疗谈话。通过这两个阶段，治疗师会对来访者的冲突情况有一个大致了解，来访者也同样会获得对自己冲突情况的认识。在治疗过程中，来访者不仅是来访者，而且也是自己的治疗师，而治疗师主要行使的是控制和检查的职能。五阶段治疗也重视来访者所处的社会环境，故提倡让来访者的冲突伙伴也参与到治疗中。虽然分为五个阶段，但各个阶段的治疗并不是彼此孤立存在的，每个阶段的治疗都可以被视为是上一阶段的延续，也是对下一阶段的准备。

2. 心理辅助疗法

积极心理治疗发现东方神话与寓言故事能为人们指出一些影响心理的冲突和误解，具有心理意义，故以其为媒介进行辅助治疗。有时来访者不愿放弃自己长期以来的基本观念，此时治疗师可以通过讲故事来缓和与来访者的对立，使其理解自己的问题。治疗师讲的故事能够帮助来访者用新的眼光来审视过去习以为常并未察觉的问题。

来访者对于故事的解释也能给治疗师提供丰富的信息。故事还能唤起来访者的想象，当来访者在生动有画面感的想象中投入个人感情，故事会变得容易被记住并更容易在相似的现实场景中被联想到，这样故事的影响就从心理治疗延续到了日常生活中。故事是治疗的催化剂，帮助治疗师把控疗程，运用得当时能加速治疗。

（二）积极心理学视角下心理治疗的评价

第一，提供了看待心理问题的新视角。在积极心理治疗出现之前，传统的心理治疗一直以来把医学病理作为模仿对象，把心理治疗的注意力放在对人类心理问题、心理疾病本身的诊断与治疗上，造成了心理学的畸形发展。而积极心理治疗提供了不同于传统心理学的研究视角，它注重个人的积极品质、自我实现以及社会的发展。通过激发个体自身的潜能来达到治愈或提升的目的，不管是从方法上还是任务上来看，都是积极的取向，丰富了心理治疗理论，为新的心理治疗实践开辟了道路。

第二，倡导多种心理治疗的理论与技术的整合。积极心理治疗注重将多种流派的心理治疗理论与技术进行整合。它并没有简单地借用其他主流心理治疗的研究方法和手段，而

是把这些研究方法和手段纳入自己的治疗体系之中，在不同的治疗阶段中有针对性地运用。例如，吸收了来自人本主义“以人为中心”的治疗思想，但并不强调移情而是强调反移情；借鉴了精神分析法对冲突相关的问题进行分析，但同时也注重环境对于来访者的影响；在治疗中纳入了行为疗法，但重点不在于消除有问题的行为，而在于放弃习以为常的交往模式。这样的整合性运用，弥补了单一理论或方法的不足。

第三，拓展了心理治疗应用范围。传统心理治疗几乎仅适用于特定的治疗场景，但积极心理治疗不仅适用于固定治疗中，也适用于心理治疗外的领域。积极心理治疗运用多种改变来访者行为的手段来补充传统心理治疗中占主导地位的治疗方法，在治疗场合以外同样发挥作用，让来访者同时也是自己的治疗师。积极心理治疗除了针对心理疾病进行治疗外，也涉及积极的教育、积极管理、积极的家庭生活方式和日常交往等传统心理治疗没有的应用领域。

第三节　认知心理治疗及其技术应用

一、认知心理治疗的特征

“认知心理学是人类行为基础的心理机制”①，认知心理治疗有别于精神动力学的治疗，与单纯的行为治疗也有差别，与其他各种类型的心理治疗的理论及方法都有所不同。认知心理治疗有很多自身的特点。作为认知心理治疗师一定要掌握这些特征，因为这些特点正是认知心理治疗的特色与精髓。如果治疗师能真正做到全面把握这些特点，内化这些特点，那么在对待每一个患者的治疗中就能做到得心应手。认知心理治疗的显著特征体现在以下方面：

（一）医患关系互信和谐

医患关系是认知心理治疗的根本，没有这个坚实的基础就不可能有整个顺畅的治疗过程，也不能产生既定的疗效。在整个认知心理治疗过程中，医患关系的信任与和谐是双方共同努力始终需要保持和维护的。一旦意识到出了一些问题，大家都需要开诚布公地明确表达，使关系能保持最佳状态。

---

①　韩雪文，袁孝亭．认知心理学视角下区域认知水平的评价及策略［J］．地理教学，2021（1）：14.

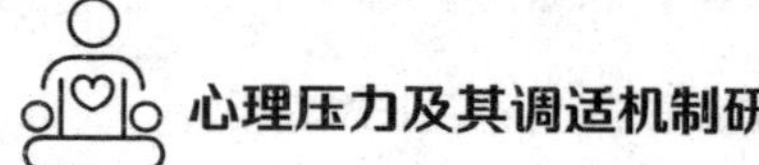

但是，在实际的治疗过程中，这种关系的维护并不容易，治疗师需要引导和挑战患者，患者需要动摇和改变自己曲解的想法，不适应的行为。但是由于治疗师认识到医患关系对于认知心理治疗的重要意义，而且不断关注和应对医患关系中出现的新问题，所以治疗师的努力完全能够使得医患关系保持良好的信任和谐状态。认知心理治疗就能以此为本，顺利地、结构化地逐步推进。

（二）重点关注当下问题

认知心理治疗与其他治疗有一个很显著的区别就是关注当下。这一理念需要深入治疗师和患者双方对治疗的基本取向。有的治疗师十分热衷于了解和分析患者以往的成长史。患者也很愿意向治疗师讲述往事或者近来发生的一些纠葛事件。其实这些信息都有一定的参考价值。然而患者真正需要解决的是当前的问题，患者们需要应对迫在眉睫的难题。重点关注患者当下的问题正是认知心理治疗的特征。

认知心理治疗是由近到远地扩展、延伸。治疗师所关心的患者的想法、情绪、行为、生理反应都是当前的、新鲜的。只有从此时此地开始着手进行治疗，认知心理治疗才有其实质的开端。尽管评估需要了解患者心理问题形成的来龙去脉，但这一切都是在为帮助患者解决当下的问题奠定基础。认知心理治疗并不排斥对患者成长史的全面了解，因为患者信念系统的形成与成长史有着密切的关联。但是，治疗师一定要把握一个现实的目标，这就是患者当下的问题或障碍。

（三）设定目标具体现实

认知心理治疗十分务实，治疗的目标鲜明、具体。在认知心理治疗中一般不会把顺耳的又带有虚拟色彩的目标作为治疗目标。例如，“做到善待自己和善待别人”“达到实现自我价值”“既要脚踏实地，又要给自己留有发展空间”“要实现自己的理想，达到自我实现的境界”等诸如此类的目标。

认知心理治疗的目标由医患双方共同设定，十分具体、现实、可行且见效。它的疗效结果很实在、很肯定、能评估且可检验。医患的共同治疗目标不应该宏大，而是应该具有极强的针对性和证伪性。治疗目标虽然可以确定，但也可以在治疗过程中略做修订。这种灵活性的把握需要根据患者在治疗中的进展和遇到的特殊情况由治疗师随机应变地进行操作。

（四）治疗结构严格清晰

认知心理治疗是一个具有严格结构的心理治疗。这种结构规范、严谨、周全、细腻。当治疗的结构被具体化后，无论是治疗师还是患者，都会逐渐熟识这一整体的结构框架，

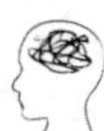

并主动地根据这一结构循序渐进地将认知心理治疗按部就班地不断深入，直指目标。治疗师对于认知心理治疗结果的掌握并非一个十分困难的过程。因为治疗的架构十分明确，包括医患会晤的内容结果也都具有基本的顺序和规格。

整个认知心理治疗的进程时间以及治疗整体时限中的每一个步骤都具有清晰的内容安排。当然根据每个患者的具体情况会有所变动，这都是在整体框架中的机动掌握，不可能越出认知心理治疗的整体结构。认知心理治疗的结果是一个特色，但是它又是一个有弹性的整体。对于刚开始学习认知心理治疗的治疗师而言，可能需要严格地根据结构进行操作，而对于已经具备相当经验的治疗师而言，他们仍然需要根据结构来操作，但此时的把握就能驾轻就熟，在熟练中体现出一定的灵活性和创造性。

（五）治疗过程医患合作

在整个认知心理治疗的过程中，治疗师占主导地位，但治疗的中心却是患者。无论是实施认知干预还是行为干预，这些都是医患的合作过程。虽说是医患合作，但是双方的功能是不一样的。治疗师是启发和引导，而患者是思考、操作和配合。患者也有主动的一面，这是由患者求治愿望的动力所产生。患者一般会根据治疗师的要求进行刻苦努力及尽力发挥。治疗师要读懂患者的需要和其他各种信息，患者也需要搞清楚治疗师的意图及要求，以便实施操作。

医患的合作除了体现在气氛的和谐、沟通的顺畅、交流的领会、会晤的融洽之外，有时又需要进行实景配合，如系统脱敏、逐级暴露等，这些都需要共同实地操作。同时，干预过程的配合更需要具备良好的协调性。因为在治疗的实施过程中，患者可能出现紧张、胆怯、畏惧、退缩、逃避等各种生理反应、情绪反应及行为反应。治疗师需要理解他们的实际困难，但是却又不能放弃治疗。因此，鼓励患者的合作又成了治疗师必须同步进行的心理支持。医患之间合作的成效也体现了医患关系的合作紧密程度，直接决定了治疗效果。

（六）实施技术方便操作

认知心理治疗的各项技术都比较容易掌握，易于操作。由于认知心理治疗的过程很直观，所采用的认知和行为干预技术也相当明确和直接，这正是认知心理治疗的一大特点。心理干预技术都需要有一个从陌生到熟悉，再从熟悉到精通的学习和应用过程，这是学习医学技术的常规之路。

看起来是简易，便于上手的技术其实都充满着丰富的内涵，包含着许多技巧。许多初学者通常会感到“观看容易，运用难”。这正说明了一个容易操作的技术要达到操作得体，行之有效的目的也并非简单。但总体而言，认知心理治疗的技术与其他心理治疗相比，其操作性较强，没有联想的、假设的、投射的、释义的间接成分。作为认知心理治疗师，要做到把所有的技术融会贯通确实需要经历一个长期的学习、实践和督导过程。

（七）疗程时长以短期为主

患者对于接受心理治疗的期限都比较敏感，患者们都希望尽快地解决自己的心理问题，甚至有点操之过急的迫切性。认知心理治疗属于短程治疗，一般为期在 3 个月左右。也有一些情况，使治疗的时间延长，这是根据患者的需要及患病和治疗过程的特殊性而定。有的需要半年，也有一些需要一年时间。随着人格障碍的认知心理治疗的开展与发展，部分认知心理治疗所需要的时间便会更长一些。

但总体而言，认知心理治疗仍属于短程治疗。可以通过 3~6 个月左右的时间治疗好患者的心理障碍。巩固疗效不归在治疗的时间范围之内，它需要有一段延续的时间，这也要根据每个患者的实际情况而定，以疗效的完全巩固结果而定。

（八）疗效明显仪器可测

患者在大脑结构中的扣带回、杏仁核、前额叶皮质、侧脑室旁回等大脑区域能够显示出明显的差异。此外，功能性磁共振能在抑郁症患者大脑结构的一个功能活动区域呈现出特殊的反应，这些信息能够提示患者对于接受认知心理治疗具有一定的亲和力。这样就能对患者是否具有接受认知心理治疗的适应症进行筛选和预测，以免治疗师花费更多的精力来评估患者是否适宜接受认知心理治疗，可避免患者一旦进入认知心理治疗程序后，才逐渐表现出患者不适宜接受治疗的现象，也能规避治疗师在选择使用心理治疗方法方面的风险。

认知心理治疗过程以及疗效的评定已经走出了原来偏重主观的方法，开始使用脑科学的检测手段，以更客观的生物学指标来表达认知心理治疗的实际效果。

（九）疗效巩固不易复发

认知心理治疗的一个公认特点就是它的疗效巩固，不容易复发。这种效果是同药物治疗以及其他心理治疗进行比较对照的结果。认知心理治疗之所以能够获得稳定的疗效，是因为这样的治疗是标本兼治①的治疗，不仅解决了浅表层面的情绪、行为和想法等问题。也解决了产生这些问题的根底，从根本上铲除了构成心理问题的根源。

---

① 标本兼治指医者在医治的治疗中采取治标兼治本的手段。

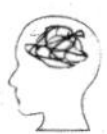

另外，认知心理治疗是从三个通道实施心理干预，这要比药物治疗的情绪单通道的治疗效果更全面。即使出现复发，也不至于又从单一的通道进行回转。认知心理治疗充分发挥了人的潜能，同时，也体现了人能够进行自身修复的潜力。认知心理治疗的作用和疗效具有网络效应，所以认知、行为、情绪、生理反应等四个方面，在得到改善的过程中是一个网络层面的改善，因此如果在某一点出现退步，其他方面能够产生牵制作用，不至于导致一下子的全面崩溃。不可否认的是药物治疗也有其治标透本的功效。但是，认知心理治疗标本兼治的实效更能显示其疗效巩固的优势。

总而言之，目前认知心理治疗在我国开展的状况还属于初级阶段，由于有心理问题或有心理障碍的患者人数众多，而我国在心理健康服务方面的资源相对较少，尤其是在提供系统、规范、有效的认知心理治疗方面，心理治疗师的数量十分有限，难以满足愿意接受认知疗法的广大患者的需要。认知心理治疗在我国发展的瓶颈仍是认知心理治疗师的缺乏。在我国，心理健康已经提升到精神文明与创建和谐社会的高度，成为人们幸福指数提高的重要指标之一。如果能够多培养一些认知心理治疗师，让他们在有经验的心理治疗师的带教和督导下，不断地学习，实践和提高，认知心理治疗在中国的推广和发展将会有光辉的前景。

二、认知心理治疗干预技术的应用

如果想要取得认知心理治疗的成功，治疗师必须全面掌握干预技术。因为在认知心理治疗中，无论是转变患者的认知还是调整患者的行为和情绪都需要运用适当的技术和技巧来达到治疗效果。认知心理治疗干预技术的种类很多，有些技术已经相当成熟，有些技术正在发展之中，有些技术还处在总结推广的初期。治疗师应该认真地学习、掌握这些干预技术，在临床实践中不断操练、提高自身的应用能力，逐步达到驾轻就熟、融会贯通的水平。

认知心理治疗干预技术的应用是一个比较复杂的实践过程，不同文化背景下的患者对于各种干预技术的认同程度，以及接受程度会有所区别，治疗师应该考虑到患者所处的不同环境和文化背景，根据患者心理障碍的类型、年龄大小、文化程度、表达水平、领悟能力、自身条件等不同特点，灵活地实施干预技术。在干预技术的应用方面必须切合患者的实际情况，整体把握。

治疗师在应用认知行为干预技术时，也需要考虑到自己对技术的掌握状况。有些技术可以通过不断操练得以熟能生巧，但有些技术则需要接受规范的临床督导才能真正掌握。需要通过听讲、示教、见习、操练、点拨等严格训练，才能达到功力扎实、举一反三、触类旁通的境地。

认知心理治疗的干预技术基本上可以分为认知干预技术和行为干预技术两大类。但是在实际应用中，有些认知干预技术也可运用于行为调整。同样，有些行为干预技术又可应用到认知调整之中。因此，掌握和精通认知心理治疗的干预技术并非一朝一夕，需要长期实践，长期磨炼，长期积累。

参考文献

[1] 陈道明．当代社会心理危机及其干预［J］．学术交流，2010（4）：40.

[2] 高存友，任秋生，甘景梨．心理压力与调控［M］．北京：九州出版社，2018.

[3] 高雯，董成文，窦广波等．心理危机干预的任务模型［J］．中国心理卫生杂志，2017，31（1）：89.

[4] 韩雪文，袁孝亭．认知心理学视角下区域认知水平的评价及策略［J］．地理教学，2021（1）：14.

[5] 华艺．企业压力管理浅谈［J］．中国商贸，2010（17）：81.

[6] 孔庆蓉，孙夏兰，杨玉莉．心理健康新观念［M］．北京：中央编译出版社，2016.

[7] 李昕，杨亚丹，侯永捷．心理压力评估方法及应用［J］．生物医学工程学杂志，2015，32（4）：929.

[8] 李昕，张云鹏，李红红，等．针对个体差异的心理压力评估［J］．中国生物医学工程学报，2014，33（1）：45.

[9] 李永慧．积极心理治疗对心理咨询工作的启示［J］．思想理论教育（上半月综合版），2010（1）：78-81.

[10] 刘经健，冉凤英，罗丹等．心理压力相关 miRNA 的研究进展［J］．分子诊断与治疗杂志，2021，13（2）：337.

[11] 刘伟．团体心理咨询与治疗［M］．北京：人民卫生出版社，2015.

[12] 刘亚楠，张迅，朱澄铨等．生命意义研究：积极心理学的视角［J］．中国特殊教育，2020（11）：70.

[13] 陆彩霞，姜媛，方平．积极心理学视野下的孝道及心理机制［J］．心理学探新，2019，39（2）：146.

[14] 苗兴壮．论健全人格的标准与人格教育［J］．教育探索，2011（6）：141.

[15] 明志君，陈祉妍．心理健康素养：概念、评估、干预与作用［J］．心理科学进展，2020，28（1）：1.

[16] 彭凯平．积极心理学：社会心理服务体系建设的新思路［J］．苏州大学学报（教育

科学版)，2020，8（2）：17.

［17］陶文翠．积极心理学视野中的幸福教学［J］．现代中小学教育，2012（8）：25.

［18］王恩界，周展锋．心理咨询效果影响因素的研究现状与展望［J］．中国全科医学，2017，20（1）：109.

［19］王丰，王亚沙，王江涛，等．基于智能手机感知数据的心理压力评估方法［J］．计算机研究与发展，2019，56（3）：611.

［20］王凤华，石统昆．做自己的心理压力调节师［M］．杭州：浙江大学出版社，2017.

［21］尉继英．心理疏导帮助我们成长——评《我是催眠师》［J］．出版广角，2016（13）：87.

［22］夏辉．积极心理学在组织管理中的应用初探［J］．中国商论，2018（3）：70.

［23］薛冰，王雪娇，马宁等．催产素调控心理韧性：基于对海马的作用机制［J］．心理科学进展，2021，29（2）：311.

［24］燕良轼，曾练平．中国传统心理治疗理论与实践［J］．中国临床心理学杂志，2012，20（1）：135.

［25］杨家平，张小远．心理咨询中的会谈影响：来访者的视角［J］．医学与哲学，2018，39（6）：26.

［26］张其春．自我压力管理八法［J］．企业管理，2010（1）：87.

［27］张清娥．社会治理中的心理疏导问题探析［J］．求实，2015（5）：32.

［28］张昕，王永丽，卢海陵等．正念干预对员工自我损耗及其后效的影响：基于 ESM 的现场研究［J］．管理评论，2022，34（8）：192.

［29］赵国秋．心理压力与应对策略［M］．杭州：浙江大学出版社，2007.

［30］朱翠英，银小兰．积极情绪对健康人格的影响探析［J］．湖南师范大学社会科学学报，2011，40（1）：143.